工业机器人应用编程
自学·考证·上岗一本通

韩鸿鸾 孔德芳 董海萍 张玉东 编著

| 初级 |

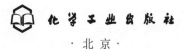

化学工业出版社

·北京·

内 容 简 介

本书是基于"1＋X"的上岗用书，具体来说就是根据"工业机器人应用编程职业技能岗位（初级）"要求编写的书籍。

本书包括工业机器人应用编程基础、工业机器人的操作、工业机器人通信、轨迹类工作站的现场编程、搬运类程序的编制、工业机器人的维护等内容。

本书适合工业机器人应用编程职业技能岗位（初级）的考证人员使用，也适合企业中工业机器人应用编程初学者学习参考。

图书在版编目（CIP）数据

工业机器人应用编程自学·考证·上岗一本通：初级/韩鸿鸾等编著. —北京：化学工业出版社，2022.3
ISBN 978-7-122-40438-1

Ⅰ.①工…　Ⅱ.①韩…　Ⅲ.①工业机器人-程序设计-资格考试-自学参考资料　Ⅳ.①TP242.2

中国版本图书馆 CIP 数据核字（2022）第 026479 号

责任编辑：王　烨　　　　　　　　　　　　文字编辑：林　丹
责任校对：刘曦阳　　　　　　　　　　　　装帧设计：刘丽华

出版发行：化学工业出版社（北京市东城区青年湖南街 13 号　邮政编码 100011）
印　　装：高教社（天津）印务有限公司
787mm×1092mm　1/16　印张 18　字数 460 千字　2022 年 9 月北京第 1 版第 1 次印刷

购书咨询：010-64518888　　　　　　　售后服务：010-64518899
网　　址：http://www.cip.com.cn

凡购买本书，如有缺损质量问题，本社销售中心负责调换。

定　　价：89.80 元

前言

为了提高职业院校人才培养质量、满足产业转型升级对高素质复合型、创新型技术技能人才的需求，国务院印发的《国家职业教育改革实施方案》提出，从 2019 年开始，在职业院校、应用型本科高校启动"学历证书＋若干职业技能等级证书"制度试点（以下称 1＋X 证书制度试点）工作。

1＋X 证书制度对于彰显职业教育的类型教育特征、培养未来产业发展需要的复合型技术技能人才、打造世界职教改革发展的中国品牌具有重要意义。

1＋X 证书制度是深化复合型技术技能人才培养培训模式和评价模式改革的重要举措，对于构建国家资历框架等也具有重要意义。职业技能等级证书是 1＋X 证书制度设计的重要内容，是一种新型证书，不是国家职业资格证书的翻版。教育部、人社部两部门目录内职业技能等级证书具有同等效力，持有证书人员享受同等待遇。

这里的"1"为学历证书，指学习者在学制系统内实施学历教育的学校或者其他教育机构中完成了学制系统内一定教育阶段学习任务后获得的文凭。

"X"为若干职业技能等级证书，职业技能等级证书是在学习者完成某一职业岗位关键工作领域的典型工作任务所需要的职业知识、技能、素养的学习后获得的反映其职业能力水平的凭证。从职业院校育人角度看，"1＋X"是一个整体，构成完整的教育目标，"1"与"X"作用互补、不可分离。

在职业院校、应用型本科高校启动"学历证书＋职业技能等级证书"的制度，即 1＋X 证书制度，鼓励学生在获得学历证书的同时，积极取得多类职业技能等级证书。

本书根据"工业机器人应用编程职业技能岗位（初级）"要求而编写，主要内容包括工业机器人应用编程基础、ABB 工业机器人的操作、工业机器人通信、轨迹类工作站的现场编程、搬运类程序的编制和工业机器人的维护等。本书可满足工业机器人应用编程岗位人员的自学、考证、上岗的用书需求，对应知应会的岗位技能和"1＋X"考证要求都进行了详细的讲解。

本书由威海职业学院（威海市技术学院）韩鸿鸾、孔德芳、董海萍、张玉东编著。本书在编写过程中得到了山东省、河南省、河北省、江苏省、上海市等技能鉴定部门的大力支持，在此深表谢意。

由于时间仓促，编者水平有限，书中不妥之处请广大读者给予批评指正。

编著者于山东威海

2022 年 6 月

目录

第1章

工业机器人应用编程基础

1.1　认识工业机器人

1.1.1　工业机器人的产生

工业机器人的研究工作是 20 世纪 50 年代初从美国开始的。日本、俄罗斯及欧洲其他国家的研制工作比美国大约晚 10 年。但日本工业机器人的发展速度比美国快。欧洲特别是西欧各国比较注重工业机器人的研制和应用，其中英国、德国、瑞典、挪威等国的技术水平较高，产量也较大。

第二次世界大战期间，由于核工业和军事工业的发展，美国原子能委员会的阿尔贡研究所研制了"遥控机械手"，用于代替人生产和处理放射性材料。1948 年，这种较简单的机械装置被改进，开发出了机械式的主从机械手（见图 1-1）。它由两个结构相似的机械手组成，主机械手在控制室，从机械手在有辐射的作业现场，两者之间有透明的防辐射墙相隔。操作者用手操纵主机械手，控制系统会自动检测主机械手的运动状态，并控制从机械手跟随主机械手运动，从而解决对放射性材料的远距离操作问题。这种被称为主从控制的机器人控制方式，至今仍在很多场合中应用。

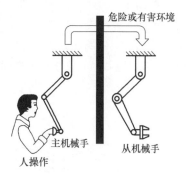

图 1-1　主从机械手

由于航空工业的需求，1952 年美国麻省理工学院（MIT）成功开发了第一代数控（CNC）机床，并进行了与 CNC 机床相关的控制技术及机械零部件的研究，为机器人的开发奠定了技术基础。

1954年，美国人乔治·德沃尔（George Devol）提出了一个关于工业机器人的技术方案，设计并研制了世界上第一台可编程的工业机器人样机，将其命名为"Universal Automation"，并申请了该项机器人专利。这种机器人是一种可编程的零部件操作装置，其工作

图1-2 Unimate机器人

方式为首先移动机械手的末端执行器，并记录下整个动作过程；然后，机器人反复再现整个动作过程。后来，在此基础上，Devol与Engerlberge合作创建了美国万能自动化（Unimation）公司，于1962年生产了第一台机器人，取名Unimate（见图1-2）。这种机器人采用极坐标式结构，外形完全像坦克炮塔，可以实现回转、伸缩、俯仰等动作。

在Devol申请专利到真正实现设想的8年时间里，美国机床与铸造公司（AMF）也在从事机器人的研究工作，并于1960年生产了一台被命名为Versation的圆柱坐标型的数控自动机械，并以Industrial Robot（工业机器人）的名称进行宣传。通常认为这是世界上最早的工业机器人。

Unimate和Versation两种型号的机器人以"示教再现"的方式在汽车生产线上成功地代替工人进行传送、焊接、喷漆等作业，它们在工作中反映出来的经济效益、可靠性、灵活性，令其他发达国家工业界为之倾倒。于是，Unimate和Versation作为商品开始在世界市场上销售。

1.1.2　工业机器人的分类

1.1.2.1　按机器人的运动形式分类

（1）直角坐标型机器人

这种机器人的外形轮廓与数控镗铣床或三坐标测量机相似，如图1-3所示。3个关节都是移动关节，关节轴线相互垂直，相当于笛卡儿坐标系的x、y和z轴。它主要用于生产设备的上下料，也可用于高精度的装卸和检测作业。

（2）圆柱坐标型机器人

如图1-4所示，这种机器人以θ、Z和r为参数构成坐标系。手腕参考点的位置可表示为$p=(\theta, Z, r)$。其中，r是手臂的径向长度，θ是手臂绕水平轴的角位移，Z是在垂直轴上的高度。如果r不变，操作臂的运动将形成一个圆柱表面，空间定位比较直观。操作臂收回后，其后端可能与工作空间内的其他物体相碰，移动关节不易防护。

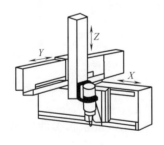

图1-3　直角坐标型机器人

图1-4　圆柱坐标型机器人

（3）球（极）坐标型机器人

如图 1-5 所示，球（极）坐标型机器人腕部参考点运动所形成的最大轨迹表面是半径为 r 的球面的一部分，以 θ、φ、r 为坐标，任意点可表示为 $p=(\theta,\varphi,r)$。这类机器人占地面积小，工作空间较大，移动关节不易防护。

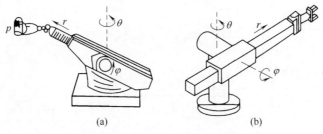

图 1-5　球（极）坐标型机器人

（4）平面双关节型机器人

平面双关节型机器人（Selective Compliance Assembly Robot Arm，SCARA）有 3 个旋转关节，其轴线相互平行，在平面内进行定位和定向，另一个关节是移动关节，用于完成末端件垂直于平面的运动。手腕参考点的位置是由两旋转关节的角位移 φ_1、φ_2 和移动关节的位移 Z 决定的，即 $p=(\varphi_1,\varphi_2,Z)$，如图 1-6 所示。这类机器人结构轻便、响应快。例如 Adept I 型 SCARA 的运动速度可达 10m/s，比一般关节式机器人快数倍。它最适用于平面定位，而在垂直方向进行装配的作业。

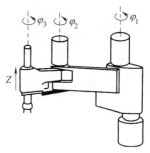

图 1-6　平面双关节型机器人

（5）关节型机器人

这类机器人由 2 个肩关节和 1 个肘关节进行定位，由 2 个或 3 个腕关节进行定向。其中，一个肩关节绕铅垂轴旋转，另一个肩关节实现俯仰，这两个肩关节轴线正交，肘关节平行于第二个肩关节轴线，如图 1-7 所示。这种构形动作灵活，工作空间大，在作业空间内手臂的干涉最小，结构紧凑，占地面积小，关节上相对运动部位容易密封防尘。这类机器人运动学较复杂，运动学反解困难，确定末端件执行器的位姿不直观，进行控制时，计算量比较大。

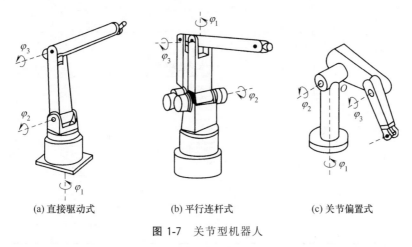

(a) 直接驱动式　　　　(b) 平行连杆式　　　　(c) 关节偏置式

图 1-7　关节型机器人

对于不同坐标型的机器人，其特点、工作范围及其性能也不同，如表 1-1 所示。

表 1-1　不同坐标型机器人的性能比较

特　点	工 作 空 间
直角坐标型　在直线方向上移动，运动容易想象　通过计算机控制实现，容易达到高精度　占地面积大，运动速度低　直线驱动部分难以密封、防尘，容易被污染	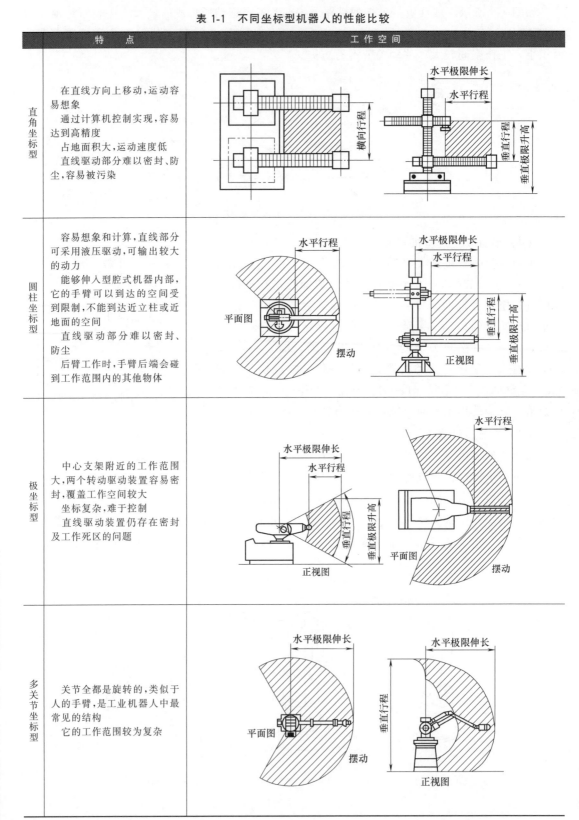
圆柱坐标型　容易想象和计算，直线部分可采用液压驱动，可输出较大的动力　能够伸入型腔式机器内部，它的手臂可以到达的空间受到限制，不能到达近立柱或近地面的空间　直线驱动部分难以密封、防尘　后臂工作时，手臂后端会碰到工作范围内的其他物体	
极坐标型　中心支架附近的工作范围大，两个转动驱动装置容易密封，覆盖工作空间较大　坐标复杂，难于控制　直线驱动装置仍存在密封及工作死区的问题	
多关节坐标型　关节全都是旋转的，类似于人的手臂，是工业机器人中最常见的结构　它的工作范围较为复杂	

工业机器人应用编程自学·考证·上岗一本通（初级）

004

特　点	工作空间
平面关节坐标型	前两个关节（肩关节和肘关节）全都是平面旋转的，最后一个关节（腕关节）是工业机器人中最常见的结构 它的工作范围较为复杂	330°　运行范围　　运行范围

1.1.2.2　按机器人的驱动方式分类

（1）气动式机器人

气动式机器人以压缩空气来驱动其执行机构。这种驱动方式的优点是空气来源方便，动作迅速，结构简单，造价低；缺点是空气具有可压缩性，致使工作速度的稳定性较差。因气源压力一般只有60MPa左右，故此类机器人适宜抓举力要求较小的场合。

图1-8所示是2015年日本RIVER-FIELD公司研发的一种气压驱动式机器人——内窥镜手术辅助机器人——EMARO（Endoscope Manipulator Robot）。

（2）液动式机器人

相对于气力驱动，液力驱动的机器人具有大得多的抓举能力，可抓举重量高达上百千克。液力驱动式机器人结构紧凑，传动平稳且动作灵敏，但对密封的要求较高，且不宜在高温或低温的场合工作，要求的制造精度较高，成本较高。

图1-8　内窥镜手术辅助机器人（EMARO）

（3）电动式机器人

目前越来越多的机器人采用电力驱动式，这不仅是因为电动机可供选择的品种众多，更因为可以运用多种灵活的控制方法。

电力驱动是利用各种电动机产生的力或力矩，直接或经过减速机构驱动机器人，以获得所需的位置、速度、加速度。电力驱动具有无污染、易于控制、运动精度高、成本低、驱动效率高等优点，其应用最为广泛。

电力驱动又可分为步进电动机驱动、直流伺服电动机驱动、无刷伺服电动机驱动等。

（4）新型驱动方式机器人

伴随着机器人技术的发展，出现了利用新的工作原理制造的新型驱动器，如静电驱动器、压电驱动器、形状记忆合金驱动器、人工肌肉及光驱动器等。

1.1.2.3　按机器人的控制方式分类

按照机器人的控制方式可分为如下几类。

（1）非伺服机器人

非伺服机器人按照预先编好的程序顺序进行工作，使用限位开关、制动器、插销板和定序器来控制机器人的运动。插销板用来预先规定机器人的工作顺序，而且往往是可调的。定序器是一种按照预定的正确顺序接通驱动装置的能源。驱动装置接通能源后，就带动机器人的手臂、腕部和手部等装置运动。

当它们移动到由限位开关所规定的位置时，限位开关切换工作状态，给定序器送去一个工作任务已经完成的信号，并使终端制动器动作，切断驱动能源，使机器人停止运动。非伺服机器人工作能力比较有限。

（2）伺服控制机器人

伺服控制机器人通过传感器取得的反馈信号与来自给定装置的综合信号比较后，得到误差信号，经过放大后用以激发机器人的驱动装置，进而带动手部执行装置以一定规律运动，到达规定的位置或速度等，这是一个反馈控制系统。伺服系统的被控量可为机器人手部执行装置的位置、速度、加速度和力等。伺服控制机器人比非伺服机器人有更强的工作能力。

伺服控制机器人按照控制的空间位置不同，又可以分为点位伺服控制和连续轨迹伺服控制机器人。

① 点位伺服控制机器人 点位伺服控制机器人的受控运动方式为从一个点位目标移向另一个点位目标，只在目标点上完成操作。机器人可以以最快和最直接的路径从一个端点移到另一个端点。

按点位方式进行控制的机器人，其运动为空间点到点之间的直线运动，在作业过程中只控制几个特定工作点的位置，不对点与点之间的运动过程进行控制。在点位伺服控制的机器人中，所能控制点数的多少取决于控制系统的复杂程度。

通常，点位伺服控制机器人适用于只需要确定终端位置而对编程点之间的路径和速度不做主要考虑的场合。点位控制主要用于点焊、搬运机器人。

② 连续轨迹伺服控制机器人 连续轨迹伺服控制机器人能够平滑地跟随某个规定的路径，其轨迹往往是某条不在预编程端点停留的曲线路径。

按连续轨迹方式进行控制的机器人，其运动轨迹可以是空间的任意连续曲线。机器人在空间的整个运动过程都处于控制之下，能同时控制两个以上的运动轴，使得手部位置可沿任意形状的空间曲线运动，而手部的姿态也可以通过腕关节的运动得以控制，这对于焊接和喷涂作业是十分有利的。

连续轨迹伺服控制机器人具有良好的控制和运行特性，由于数据是依时间采样的，而不是依预先规定的空间采样，因此机器人的运行速度较快、功率较小、负载能力也较小。连续轨迹伺服控制机器人主要用于弧焊、喷涂、打飞边毛刺和检测机器人。

1.1.2.4 按机器人关节连接布置形式分类

按机器人关节连接布置形式，机器人可分为串联机器人和并联机器人两类。从运动形式来看，并联机构可分为平面机构和空间机构；可进一步细分为平面移动机构、平面移动转动机构、空间纯移动机构、空间纯转动机构和空间混合运动机构。

（1）串联机器人

它是一种开式运动链机器人，由一系列连杆通过转动关节或移动关节串联形成，采用驱动器驱动各个关节的运动，从而带动连杆的相对运动，使末端执行器到达合适的位姿，一个轴的运动会改变另一个轴的坐标原点。图1-9所示是一种常见的关节串联机器人。它的特点是：工作空间大；运动分析较容易；可避免驱动轴之间的耦合效应；机构各轴必须独立控制，并且需搭配编码器与传感器来提高机构运动时的精准度。串联机器人的研究相对较成熟，已成功应用在工业上的各个领域，比如装配、焊接加工（图 1-10）、喷涂、码垛等。

图 1-9　关节串联机器人

图 1-10　工业机器人在复杂零件焊接方面的应用

（2）并联机器人

如图 1-11 所示，并联机器人（Parallel Mechanism）是在动平台和定平台通过至少两个独立的运动链相连接，具有两个或两个以上自由度，且以并联方式驱动的一种闭环机构。其中末端执行器为动平台，与基座（即定平台）之间由若干个包含有许多运动副（例如球副、移动副、转动副、虎克铰）的运动链相连接，其中每一个运动链都可以独立控制其运动状态，以实现多自由度的并联，即一个轴运动不影响另一个轴的坐标原点。图 1-12 所示为一种蜘蛛手并联机器人，这种类型机器人特点是：工作空间较小；无累积误差，精度较高；驱动装置可置于定平台上或接近定平台的位置，运动部分重量轻，速度高，动态响应好；结构紧凑，刚度高，承载能力强；完全对称的并联机构具有较好的各向同性。并联机器人在需要高刚度、高精度或者大载荷而无须很大工作空间的领域获得了广泛应用，在食品、医药、电子等轻工业中应用最为广泛，在物料的搬运、包装、分拣等方面有着无可比拟的优势。

(a)二自由度并联机构

(b)三自由度并联机构

(c)六自由度并联机构

图 1-11　并联机器人

1.1.2.5　按程序输入方式分类

（1）编程输入型机器人

编程输入型机器人是将计算机上已编好的作业程序文件，通过 RS232 串口或者以太网等通信方式传送到机器人控制柜，计算机解读程序后做出相应控制信号，命令各伺服系统控

第1章　工业机器人应用编程基础

制机器人来完成相应的工作任务。图 1-13 是该类型工业机器人的编程界面示意图。

（2）示教输入型机器人

示教输入型机器人的示教方法有两种，一种是由操作者用手动控制器（示教器等人机交互设备），将指令信号传给驱动系统，由执行机构按要求的动作顺序和运动轨迹操演一遍，图 1-14 所示为通过示教器来控制机器人运动的工业机器人。另一种是由操作者直接控制执行机构，按要求的动作顺序和运动轨迹操演一遍。

图 1-12　蜘蛛手并联机器人

在示教过程的同时，工作程序的信息自动存入程序存储器中，在机器人自动工作时，控制系统从程序存储器中调出相应信息，将指令信号传给驱动机构，使执行机构再现示教的各种动作。

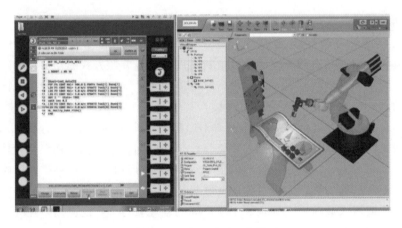

图 1-13　编程界面示意图

1.1.2.6　按协作与否分类

按协作与否分可分为协作工业机器人和非协作工业机器人。如图 1-15 所示，协作工业机器人指被设计成可以在协作区域内与人直接进行交互的机器人。

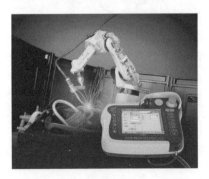

图 1-14　示教输入型工业机器人

(a) 单臂

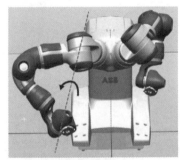

(b) 双臂

图 1-15　协作工业机器人

1.1.3 工业机器人的基本工作原理

现在广泛应用的工业机器人都属于第一代机器人，它的基本工作原理是示教再现，如图1-16所示。

示教也称为导引，即由用户引导机器人，一步步将实际任务操作一遍，机器人在引导过程中自动记忆示教的每个动作的位置、姿态、运动参数、工艺参数等，并自动生成一个连续执行全部操作的程序。

完成示教后，只需给机器人一个启动命令，机器人将精确地按示教动作，一步步完成全部操作，这就是示教与再现。

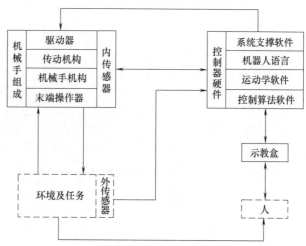

图1-16 工业机器人示教再现工作原理

（1）机器人手臂的运动

机器人的机械臂是由数个刚性杆体和旋转或移动的关节连接而成，是一个开环关节链，开链的一端固接在基座上，另一端是自由的，安装着末端执行器（如焊枪），在机器人操作时，机器人手臂前端的末端执行器必须与被加工工件处于相适应的位置和姿态，而这些位置和姿态是由若干个臂关节的运动所合成的。

因此，机器人运动控制中，必须要知道机械臂各关节变量空间与末端执行器的位置和姿态之间的关系，这就是机器人运动学模型。一台机器人机械臂的几何结构确定后，其运动学模型即可确定，这是机器人运动控制的基础。

（2）机器人轨迹规划

机器人机械手端部从起点的位置和姿态，到终点的位置和姿态的运动轨迹空间曲线叫作路径。

轨迹规划的任务是用一种函数来"内插"或"逼近"给定的路径，并沿时间轴产生一系列"控制设定点"，用于控制机械手运动。目前常用的轨迹规划方法有空间关节插值法和笛卡儿空间规划两种方法。

（3）机器人机械手的控制

当一台机器人机械手的动态运动方程已给定，它的控制目的就是按预定性能要求保持机械手的动态响应。但是由于机器人机械手的惯性力、耦合反应力和重力负载都随运动空间的变化而变化，因此要对它进行高精度、高速度、高动态品质的控制是相当复杂而困难的。

目前工业机器人上采用的控制方法是把机械手上每一个关节都当作一个单独的伺服机构，即把一个非线性的、关节间耦合的变负载系统，简化为线性的非耦合单独系统。

1.2 工业机器人的组成

工业机器人通常由执行机构、驱动系统、控制系统和传感系统四部分组成，如图1-17

所示。工业机器人各组成部分之间的相互作用关系如图 1-18 所示。

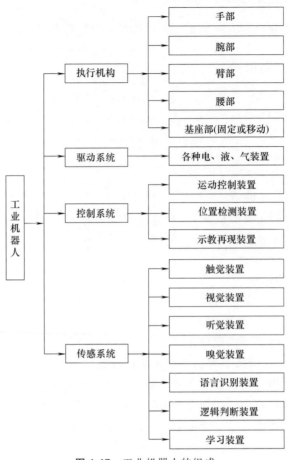

图 1-17　工业机器人的组成

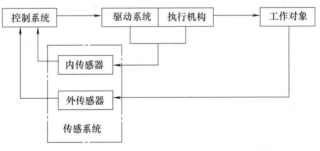

图 1-18　工业机器人各组成部分之间的相互作用关系

1.2.1　执行机构

执行机构是机器人赖以完成工作任务的实体，通常由一系列连杆、关节或其他形式的运动副所组成。从功能的角度可分为手部、腕部、臂部、腰部和机座，如图 1-19 所示。

1.2.1.1　手部机构

工业机器人的手部也叫作末端执行器，是装在机器人手腕上直接抓握工件或执行作业的部件。手部对于机器人来说是完成作业好坏、作业柔性好坏的关键部件之一。

（1）传动机构

传动机构是向手指传递运动和动力，以实现夹紧和松开动作的机构。该机构根据手指开合的动作特点，可分为回转型和平移型，回转型又分为单支点回转和多支点回转。根据手爪夹紧是摆动还是平动，回转型还可分为摆动回转型和平动回转型。

① 回转型传动机构　夹钳式手部中用得较多的是回转型手部，其手指就是一对杠杆，一般再与斜楔、滑槽、连杆、齿轮、蜗轮蜗杆或螺杆等机构组成复合式杠杆传动机构，用以改变传动比和运动方向等。

图 1-19　KR 1000 titan 的主要组件

1—机器人腕部；2—小臂；3—平衡配重；4—电气设备；5—转盘（腰部）；6—底座（机座）；7—大臂

图 1-20（a）所示为单作用斜楔式回转型手部结构简图。斜楔向下运动，克服弹簧拉力，使杠杆手指装着滚子的一端向外撑开，从而夹紧工件；斜楔向上运动，则在弹簧拉力作用下使手指松开。手指与斜楔通过滚子接触，可以减少摩擦力，提高机械效率。有时为了简化，也可让手指与斜楔直接接触，如图 1-20（b）所示。

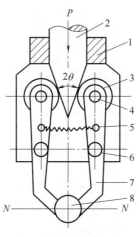
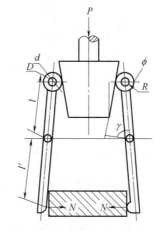

(a) 单作用斜楔式回转型手部　　　　(b) 简化型斜楔式回转型手部

图 1-20　斜楔式回转型手部结构简图

1—壳体；2—斜楔驱动杆；3—滚子；4—圆柱销；5—拉簧；6—铰销；7—手指；8—工件

图 1-21（a）所示为滑槽式杠杆回转型手部简图。杠杆形手指 4 的一端装有 V 形指 5，另一端则开有长滑槽。驱动杆 1 上的圆柱销 2 套在滑槽内，当驱动连杆同圆柱销一起作往复运动时，即可拨动两个手指各绕其支点（铰销 3）做相对回转运动，从而实现手指的夹紧与松开动作。

图 1-21（b）所示为双支点连杆式回转型手部的简图。驱动杆 2 末端与连杆 4 由铰销 3

铰接，当驱动杆 2 做直线往复运动时，则通过连杆推动两杆手指各绕支点做回转运动，从而使得手指松开或闭合。

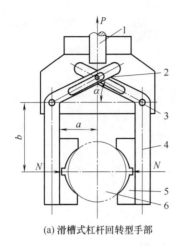

(a) 滑槽式杠杆回转型手部

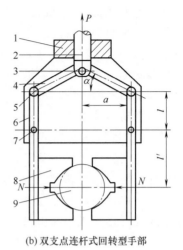

(b) 双支点连杆式回转型手部

图 1-21　滑槽式杠杆和双支点连杆式回转型手部简图

1—驱动杆；2—圆柱销；3—铰销；　　1—壳体；2—驱动杆；3—铰销；4—连杆；5，7—圆
4—手指；5—V 形指；6—工件　　　　柱销；6—手指；8—V 形指；9—工件

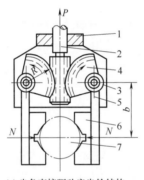

(a) 齿条直接驱动扇齿轮结构

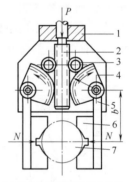

(b) 带有换向齿轮的驱动结构

图 1-22　齿轮齿条直接传动的齿轮杠杆式手部的结构

1—壳体；2—驱动杆；3—中间齿轮；4—扇齿轮；5—手指；6—V 形指；7—工件

图 1-22 所示为齿轮齿条直接传动的齿轮杠杆式手部的结构。驱动杆 2 末端制成双面齿条，与扇齿轮 4 相啮合，而扇齿轮 4 与手指 5 固连在一起，可绕支点回转。驱动力推动齿条做直线往复运动，即可带动扇齿轮回转，从而使手指松开或闭合。

② 平移型传动机构　平移型传动机构是指平移型夹钳式手部，它是通过手指的指面做直线往复运动或平面移动来实现张开或闭合动作的，常用于夹持具有平行平面的工件，如冰箱等。其结构较复杂，不如回转型手部应用广泛。平移型传动机构根据其结构，大致可分为直线往复移动机构和平面平行移动机构两种。

a. 直线往复移动机构。实现直线往复移动的机构很多，常用的斜楔传动、齿条传动、螺旋传动等均可应用于手部结构，如图 1-23 所示。它们既可是双指型的，也可是三指（或多指）型的；既可自动定心，也可非自动定心。

b. 平面平行移动机构。图 1-24 所示的为几种平面平行移动型夹钳式手部的简图。

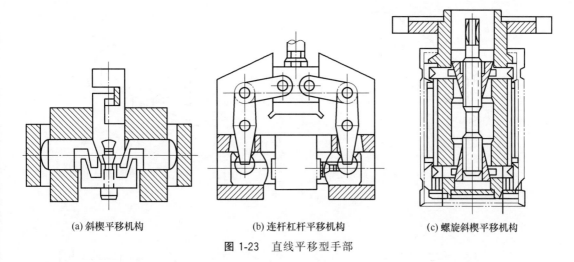

(a) 斜楔平移机构　　　　　(b) 连杆杠杆平移机构　　　　　(c) 螺旋斜楔平移机构

图 1-23　直线平移型手部

图 1-24 (a) 所示的是采用齿条齿轮传动的手部；图 1-24 (b) 所示的是采用蜗杆传动的手部；图 1-24 (c) 所示的是采用连杆斜滑槽传动的手部。它们的共同点是，都采用平行四边形的铰链机构——双曲柄铰链四连杆机构，以实现手指平移。其差别在于，分别采用齿条齿轮、蜗杆蜗轮、连杆斜滑槽的传动方法。

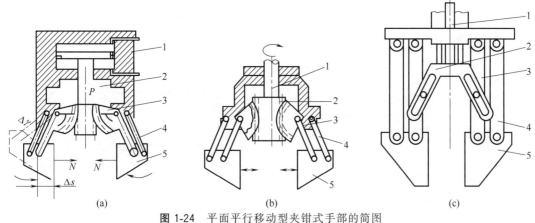

图 1-24　平面平行移动型夹钳式手部的简图

1—驱动器；2—驱动元件；3—驱动摇杆；4—从动摇杆；5—手指

（2）手部结构

① 机械钳爪式手部结构　机械钳爪式手部按夹取的方式，可分为内撑式和外夹式两种，分别如图 1-25 与图 1-26 所示。两者的区别在于夹持工件的部位不同，手爪动作的方向相反。

由于采用两爪内撑式手部夹持时不易达到稳定，工业机器人多用内撑式三指钳爪来夹持工件，如图 1-27 所示。

从机械结构特征、外观与功用来区分，钳爪式手部还有多种结构形式，下面介绍几种不同形式的手部机构。

a. 齿轮齿条移动式手爪如图 1-28 所示。

b. 重力式钳爪如图 1-29 所示。

c. 平行连杆式钳爪如图 1-30 所示。

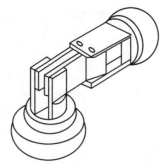

图 1-25　内撑钳爪式手部的夹取方式

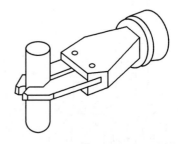

图 1-26　外夹钳爪式手部的夹取方式

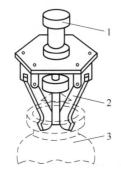

图 1-27　内撑式三指钳爪

1—手指驱动电磁铁；2—钳爪；3—工件

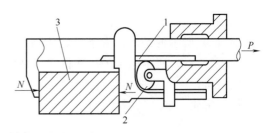

图 1-28　齿轮齿条移动式手爪

1—齿条；2—齿轮；3—工件

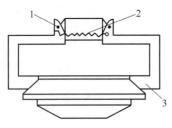

图 1-29　重力式钳爪

1—销；2—弹簧；3—钳爪

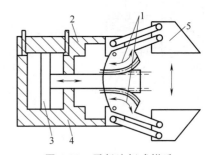

图 1-30　平行连杆式钳爪

1—扇形齿轮；2—齿条；3—活塞；4—气（油）缸；5—钳爪

　　d. 拨杆杠杆式钳爪如图 1-31 所示。

　　e. 自动调整式钳爪如图 1-32 所示。自动调整式钳爪的调整范围在 0～10mm 之内，适用于抓取多种规格的工件，当更换产品时可更换 V 形钳口。

　　② 钩托式手部　钩托式手部的主要特征是不靠夹紧力来夹持工件，而是利用手指对工件钩、托、捧等动作来托持工件。应用钩托方式可降低驱动力的要求，简化手部结构，甚至可以省略手部驱动装置。它适用于在水平面内和垂直面内做低速移动的搬运工作，尤其对大型笨重的工件或结构粗大而质量较轻且易变形的工件更为有利。钩托式手部可分为无驱动装置型和有驱动装置型。

　　a. 无驱动装置型。无驱动装置型的钩托式手部，手指动作通过传动机构，借助臂部的运动来实现，手部无单独的驱动装置。图 1-33（a）所示为一种无驱动装置型钩托式手部，手部在臂的带动下向下移动，当手部下降到一定位置时齿条 1 下端碰到撞块，臂部继续下

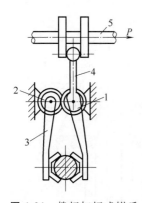

图 1-31　拨杆杠杆式钳爪

1—齿轮 1；2—齿轮 2；3—钳爪；4—拨杆；5—驱动杆

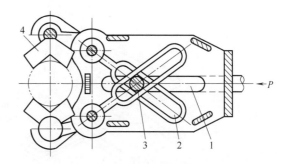

图 1-32　自动调整式钳爪

1—推杆；2—滑槽；3—轴销；4—V 形钳口

移，齿条便带动齿轮 2 旋转，手指 3 即进入工件钩托部位。手指托持工件时，销 4 在弹簧力作用下插入齿条缺口，保持手指的钩托状态并可使手臂携带工件离开原始位置。在完成钩托任务后，由电磁铁将销向外拔出，手指又呈自由状态，可继续下一个工作循环程序。

　　b. 有驱动装置型。图 1-33（b）所示为一种有驱动装置型钩托式手部。其工作原理是依靠机构内力来平衡工件重力而保持托持状态。驱动液压缸 5 以较小的力驱动杠杆手指 6 和 7 回转，使手指闭合至托持工件的位置。手指与工件的接触点均在其回转支点 O_1、O_2 的外侧，因此在手指托持工件后工件本身的重量不会使手指自行松脱。

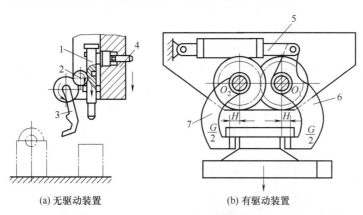

(a) 无驱动装置　　　　　　　　(b) 有驱动装置

图 1-33　钩托式手部

1—齿条；2—齿轮；3—手指；4—销；5—液压缸；6,7—杠杆手指

　　图 1-34（a）所示为从三个方向夹住工件的抓取机构的原理，爪 1、2 由连杆机构带动，在同一平面中做相对的平行移动；爪 3 的运动平面与爪 1、2 的运动平面相垂直；工件由这三爪夹紧。

　　图 1-34（b）所示为爪部的传动机构。抓取机构的驱动器 6 安装在抓取机构机架的上部，输出轴 7 通过联轴器 8 与工作轴相连，工作轴上装有离合器 4，通过离合器与蜗杆 9 相连。蜗杆带动齿轮 10、11，齿轮带动连杆机构，使爪 1、2 做启闭动作。输出轴又通过齿轮 5 带动与爪 3 相连的离合器，使爪 3 做启闭动作。当爪与工件接触后，离合器进入"OFF"状态，三爪均停止运动，由于蜗杆蜗轮传动具有反行程自锁的特性，故抓取机构不会自行松开被夹住的工件。

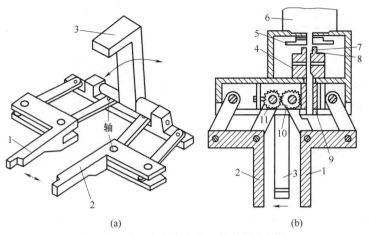

(a)　　　　　　　　　　　(b)

图 1-34　从三个方向夹住工件的抓取机构

1,2,3—爪；4—离合器；5,10,11—齿轮；6—驱动器；7—输出轴；8—联轴器；9—蜗杆

③ 弹簧式手部　弹簧式手部靠弹簧力的作用将工件夹紧，手部不需要专用的驱动装置，结构简单。它的使用特点是工件进入手指和从手指中取下工件都是强制进行的。由于弹簧力有限，故只适用于夹持轻小工件。

图 1-35 所示为一种结构简单的簧片手指弹性手爪。手臂带动夹钳向坯料推进时，弹簧片 3 由于受到压力而自动张开，于是工件进入钳内，受弹簧作用而自动夹紧。当机器人将工件传送到指定位置后，手指不会将工件松开，必须先将工件固定后，手部后退，强迫手指撑开后留下工件。这种手部只适用于定心精度要求不高的场合。

如图 1-36 所示，手爪 1、2 用连杆 3、4 连接在滑块上，气缸活塞杆通过弹簧 5 使滑块运动。手爪夹持工件 6 的夹紧力取决于弹簧的张力，因此可根据工作情况，选取不同张力的弹簧；此外，还要注意，当手爪松开时，不要让弹簧脱落。

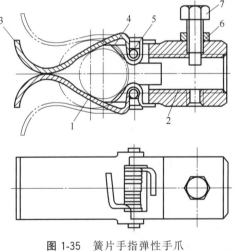

图 1-35　簧片手指弹性手爪

1—工件；2—套筒；3—弹簧片；4—扭簧；
5—销钉；6—螺母；7—螺钉

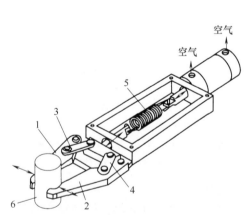

图 1-36　利用弹簧螺旋的弹性抓物机构

1,2—手爪；3,4—连杆；5—弹簧；6—工件

如图 1-37 (a) 所示的抓取机构中，在手爪 5 的内侧设有槽口，用螺钉将弹性材料装在槽口中以形成具有弹性的抓取机构；弹性材料的一端用螺钉紧固，另一端可自由运动。当手

爪夹紧工件 7 时，弹性材料便发生变形并与工件的外轮廓紧密接触；也可以只在一侧手爪上安装弹性材料，这时工件被抓取时定位精度较好。1 是与活塞杆固连的驱动板，2 是气缸，3 是支架，4 是连杆，6 是弹性爪。图 1-37（b）是另一种形式的弹性抓取机构。

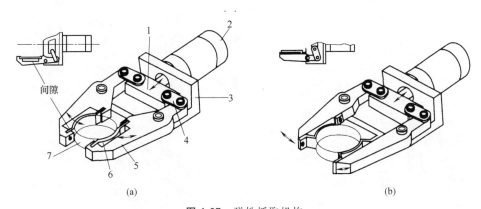

图 1-37　弹性抓取机构
1—驱动板；2—气缸；3—支架；4—连杆；5—手爪；6—弹性爪；7—工件

1.2.1.2　工业机器人末端装置的安装

（1）认识快速装置

使用一台通用机器人，要在作业时能自动更换不同的末端操作器，就需要配置具有快速装卸功能的换接器。换接器由两部分组成：换接器插座和换接器插头，分别装在机器腕部和末端操作器上，能够实现机器人对末端操作器的快速自动更换。

具体实施时，各种末端操作器存放在工具架上，组成一个专用末端操作器库，如图 1-38 所示。机器人可根据作业要求，自行从工具架上接上相应的专用末端操作器。

对专用末端操作器换接器的要求主要有：同时具备气源、电源及信号的快速连接与切换；能承受末端操作器的工作载荷；在失电、失气情况下，机器人停止工作时不会自行脱离；具有一定的换接精度等。

气动换接器和专用末端操作器如图 1-39 所示。该换接器也分成两部分：一部分装在手腕上，称为换接器；另一部分在末端操作器上，称为配合器。利用气动锁紧器将两部分进行连接，并具有就位指示灯，以表示电路、气路是否接通。其结构如图 1-40 所示。

（2）末端执行装置的安装

① 安装工具快换装置的主端口，将定位销（工业机器人附带配件）安装在 IRB 120 工业机器人法兰盘中对应的销孔中，安装时切勿倾斜、重击，必要时可使用橡胶锤敲击，如图 1-41 所示。

② 对准快换装置主端口上的销孔和定位销，将快换装置主端口安装在工业机器人法兰盘上，如图 1-42 所示。

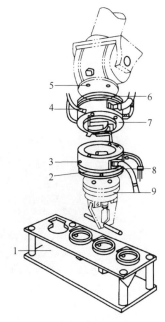

图 1-38　气动换接器与操作器库
1—末端操作器库；2—操作器过渡法兰；3—位置指示器；4—换接器气路；5—连接法兰；6—过渡法兰；7—换接器；8—换接器配合端；9—末端操作器

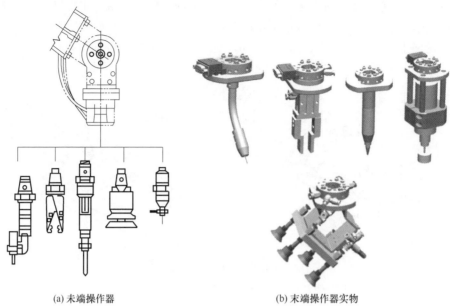

(a) 末端操作器　　　　　　　　　(b) 末端操作器实物

图 1-39　气动换接器和专用末端操作器

图 1-40　结构

①—快换装置公头；②—快换装置母头；③—末端法兰

图 1-41　安装定位销

图 1-42　安装主端口

③ 安装 M5×40 规格的内六角螺钉，并使用内六角扳手拧紧，如图 1-43 所示。

④ 安装末端工具时，通过按压控制工具快换动作的电磁阀上的手动调试按钮，使快换装置主端口中的活塞上移，锁紧钢珠缩回，如图 1-44 所示。

⑤ 手动安装末端工具时，需要对齐被接端口与主端口外边上的 U 形口位置来实现末端工具快换装置的安装，如图 1-45 所示。

图 1-43　拧紧内六角螺钉

图 1-44　按压手动调试按钮

⑥ 位置对准端面贴合后，松开控制工具快换动作的电磁阀上的手动调试按钮，快换装置主端口锁紧钢珠弹出，使工具快换装置锁紧，如图 1-46 所示。

图 1-45　安装末端工具

图 1-46　锁紧快换装置

1.2.1.3　腕部

（1）腕部的运动

① 腕部旋转　腕部旋转是指腕部绕小臂轴线的转动，又叫作臂转。有些机器人限制其腕部转动角度小于 360°，另一些机器人则仅仅受到控制电缆缠绕圈数的限制，腕部可以转几圈。如图 1-47（a）所示。

② 腕部弯曲　腕部弯曲是指腕部的上下摆动，这种运动也称为俯仰，又叫作手转。如

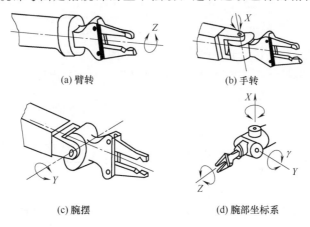

(a) 臂转　　　　　　　　　　　(b) 手转

(c) 腕摆　　　　　　　　　　　(d) 腕部坐标系

图 1-47　腕部的三个运动和坐标系

图 1-47 （b）所示。

③ 腕部侧摆　腕部侧摆指机器人腕部的水平摆动，又叫作腕摆。腕部的旋转和俯仰两种运动结合起来可以看成是侧摆运动，通常机器人的侧摆运动由一个单独的关节提供。如图 1-47 （c）所示。

腕部结构多为上述三个回转方式的组合，组合的方式可以有多种形式，常用的腕部组合的方式有：臂转-腕摆-手转结构，臂转-双腕摆-手转结构等，如图 1-48 所示。

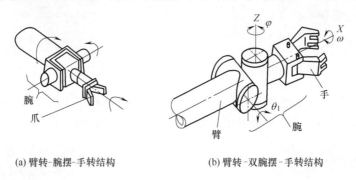

(a) 臂转-腕摆-手转结构　　　　　(b) 臂转-双腕摆-手转结构

图 1-48　腕部的组合方式

（2）手腕的分类

手腕按自由度数目来分，可分为单自由度手腕、二自由度手腕和三自由度手腕。

① 单自由度手腕　图 1-49 （a）所示是一种翻转（Roll）关节，它把手臂纵轴线和手腕关节轴线构成共轴线形式，这种 R 关节旋转角度大，可达到 360°以上。图 1-49 （b）、图 1-49 （c）所示是一种折曲（Bend）关节，关节轴线与前、后两个连接件的轴线相垂直。这种 B 关节因为受到结构上的干涉，旋转角度小，大大限制了方向角。

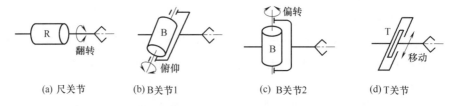

(a) 尺关节　　　(b) B关节1　　　(c) B关节2　　　(d) T关节

图 1-49　单自由度手腕

② 二自由度手腕　二自由度手腕可以由一个 R 关节和一个 B 关节组成 BR 手腕［见图 1-50 （a）］，也可以由两个 B 关节组成 BB 手腕［见图 1-50 （b）］。但是，不能由两个 R 关节组成 RR 手腕，因为两个 R 关节共轴线，所以退化了一个自由度，实际只构成了单自由度手腕［见图 1-50 （c）］。

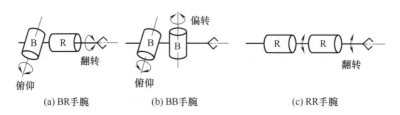

(a) BR手腕　　　　(b) BB手腕　　　　　(c) RR手腕

图 1-50　二自由度手腕

③ 三自由度手腕　三自由度手腕可以由 B 关节和 R 关节组成许多种形式。图 1-51（a）所示为通常见到的 BBR 手腕，使手部具有俯仰、偏转和翻转运动，即 RPY 运动。图 1-51（b）所示为一个 B 关节和两个 R 关节组成的 BRR 手腕，为了不使自由度退化，使手部获得 RPY 运动，第一个 R 关节必须如图偏置。图 1-51（c）所示为三个 R 关节组成的 RRR 手腕，它也可以实现手部 RPY 运动。图 1-51（d）所示为 BBB 手腕，很明显，它已经退化为二自由度手腕，只有 PY 运动，实际

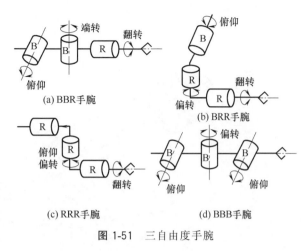

（a）BBR 手腕

（b）BRR 手腕

（c）RRR 手腕

（d）BBB 手腕

图 1-51　三自由度手腕

上它是不采用的。此外，B 关节和 R 关节排列的次序不同，也会产生不同的效果，也产生了其他形式的三自由度手腕。为了使手腕结构紧凑，通常把两个 B 关节安装在一个十字接头上，这可大大减小 BBR 手腕的纵向尺寸。

1.2.1.4　臂部

常见工业机器人如图 1-52 所示，图 1-53 与图 1-54 所示为其手臂结构图，手臂的各种运动通常由驱动机构和各种传动机构来实现。因此，它不仅仅承受被抓取工件的重量，而且承受末端执行器、手腕和手臂自身的重量。手臂的结构、工作范围、灵活性、抓重大小（即臂力）和定位精度都直接影响机器人的工作性能，所以臂部的结构形式必须根据机器人的运动形式、抓取重量、动作自由度、运动精度等因素来确定。

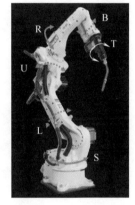

图 1-52　常见工业机器人

臂部是机器人执行机构中重要的部件，它的作用是支撑腕部和手部，并将被抓取的工件运送到给定的位置上。机器人的臂部主要包括臂杆以及与其运动有关的构件，包括传动机构、驱动装置、导向定位装置、支承连接和位置检测元件等。此外，还有与腕部或手臂的运动和连接支承等有关的构件，其结构形式如图 1-55 所示。

一般机器人手臂有 3 个自由度，即手臂的伸缩、左右回转和升降（或俯仰）运动。手臂回转和升降运动是通过机座的立柱实现的，立柱的横向移动即为手臂的横移。手臂的各种运动通常由驱动机构和各种传动机构来实现。手臂的 3 个自由度，可以有不同的运动（自由度）组合，通常可以将其设计成如图 1-55 所示的五种形式。

（1）圆柱坐标型机构简图

如图 1-55（a）所示，这种运动形式是通过一个转动、两个移动共三个自由度组成的运动系统，工作空间图形为圆柱形，它与笛卡儿坐标型比较，在相同的工作空间条件下，机体所占体积小，而运动范围大。

（2）直角坐标型机构简图

如图 1-55（b）所示，直角坐标型工业机器人，其运动部分由三个相互垂直的直线移动组成，其工作空间图形为长方体。它在各个轴向的移动距离，可在各坐标轴上直接读出，直

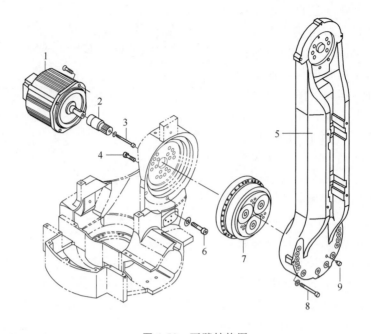

图 1-53 下臂结构图

1—驱动电机；2—减速器输入轴；5—下臂体；7—RV 减速器；3,4,6,8,9—螺钉

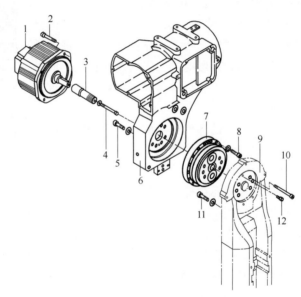

图 1-54 上臂结构图

1—驱动电机；3—减速器输入轴；6—上臂；7—RV 减速器；9—上臂体；2,4,5,8,10,11,12—螺钉

观性强，易于位置和姿态的编程计算，定位精度高、结构简单，但机体所占空间体积大、灵活性较差。

（3）球坐标型机构简图

如图 1-55（c）所示，球坐标型又称极坐标型，它由两个转动和一个直线移动所组成，即一个回转、一个俯仰和一个伸缩运动组成，其工作空间图形为一球体，它可以做上下俯仰

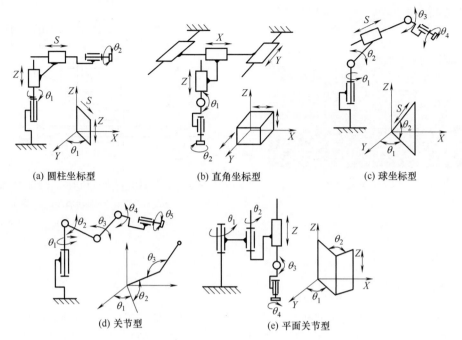

(a) 圆柱坐标型　　(b) 直角坐标型　　(c) 球坐标型

(d) 关节型　　(e) 平面关节型

图 1-55　机器人手臂机械结构形式

动作并能够抓取地面上或较低位置的工件，具有结构紧凑、工作空间范围大的特点，但结构较复杂。

（4）关节型机构简图

如图 1-55（d）所示，关节型又称回转坐标型，这种机器人的手臂与人体上肢类似，其前三个关节都是回转关节，这种机器人一般由立柱和大小臂组成，立柱与大臂间形成肩关节，大臂与小臂间形成肘关节，可使大臂做回转运动 θ_1 和使大臂作俯仰摆动 θ_2，小臂作俯仰摆动 θ_3。其特点是工作空间范围大，动作灵活，通用性强，能抓取靠近机座的物体。

（5）平面关节型机构简图

如图 1-55（e）所示，采用两个回转关节和一个移动关节；两个回转关节控制前后、左右运动，而移动关节则实现上下运动，其工作空间的轨迹图形，它的纵截面为矩形的回转体，纵截面高为移动关节的行程长，两回转关节转角的大小决定回转体横截面的大小、形状。这种形式又称 SCARA，是 Selective Compliance Assembly Robot Arm 的缩写，意思是具有选择柔顺性的装配机器人手臂，在水平方向有柔顺性，在垂直方向则有较大的刚性。它结构简单，动作灵活，多用于装配作业中，特别适合小规格零件的插接装配，如在电子工业零件的接插、装配中应用广泛。

1.2.1.5　腰部

腰部是连接臂部和基座的部件，通常是回转部件。由于它的回转，再加上臂部的运动，就能使腕部做空间运动。腰部是执行机构的关键部件，它的制作误差、运动精度和平稳性对机器人的定位精度有决定性的影响。

1.2.1.6　机座

机座是整个机器人的支持部分，有固定式和移动式两类。移动式机座用来扩大机器人的活动范围，有的是专门的行走装置，有的是轨道（图 1-56）、滚轮机构（图 1-57）。机座必

图 1-56　桁架工业机器人

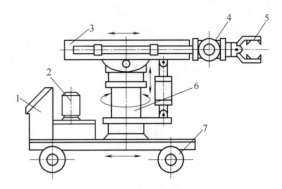

图 1-57　具有行走机构的工业机器人系统

1—控制部件；2—驱动部件；3—臂部；
4—腕部；5—手部；6—机身；7—行走机构

须有足够的刚度和稳定性。

1.2.2　驱动系统

工业机器人的驱动系统是向执行系统各部件提供动力的装置，包括驱动器和传动机构两部分，它们通常与执行机构连成一体。驱动器通常有电动、液压、气动装置以及把它们结合起来应用的综合系统。常用的传动机构有谐波传动、螺旋传动、链传动、带传动以及各种齿轮传动等机构。工业机器人驱动系统的组成如图 1-58 所示。

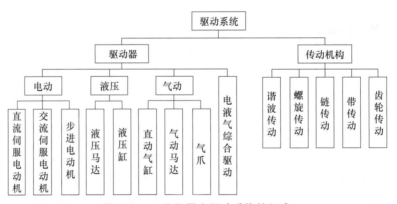

图 1-58　工业机器人驱动系统的组成

1.2.3　控制系统

控制系统的任务是根据机器人的作业指令程序以及从传感器反馈回来的信号支配工业机器人的执行机构完成固定的运动和功能。若工业机器人不具备信息反馈特征，则为开环控制系统；若具备信息反馈特征，则为闭环控制系统。

工业机器人的控制系统主要由主控计算机和关节伺服控制器组成，如图 1-59 所示。上位主控计算机主要根据作业要求完成编程，并发出指令控制各伺服驱动装置使各杆件协调工作，同时还要完成环境状况、周边设备之间的信息传递和协调工作。关节伺服控制器用于实现驱动单元的伺服控制、轨迹插补计算，以及系统状态监测。不同的工业机器人控制系统是不同的，图 1-60 所示为 ABB 工业机器人的控制系统实物。机器人的测量单元一般安装在执行部件中的位置检测元件（如光电编码器）和速度检测元件（如测速电机），这些检测量反馈到控制器中或者用于闭环控制，或者用于监测，或者进行示教操作。人机接口除了包括一般的计算机键盘、鼠标外，通常还包括手持控制器（示教器，图1-60），通过手持控制器可以对机器人进行控制和示教操作。

工业机器人通常具有示教再现和位置控制两种方式。示教再现控制就是操作人员通过示教装置把作业程序内容编制成程序，输入到记忆装置中，在外部给出启动命令后，机器人从记忆装置中读出信息并送到控制装置，发出控制信号，由驱动机构控制机械手的运动，在一定精度范围内按照记忆装置中的内容完成给定的动作。实质上，工业机器人与一般自动化机械的最大区别就是它具有"示教再现"功能，因而表现出通用、灵活的"柔性"特点。

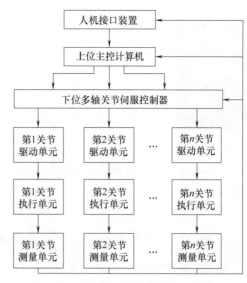

图 1-59　工业机器人控制系统一般构成

工业机器人的位置控制方式有点位控制和连续路径控制两种。其中，点位控制这种方式只关心机器人末端执行器的起点和终点位置，而不关心这两点之间的运动轨迹，这种控制方式可完成无障碍条件下的点焊、上下料、搬运等操作。连续路径控制方式不仅要求机器人以一定的精度达到目标点，而且对移动轨迹也有一定的精度要求，如机器人喷漆、弧焊等操作。实质上这种控制方式是以点位控制方式为基础，在每两点之间用满足精度要求的位置轨迹插补算法实现轨迹连续化的。

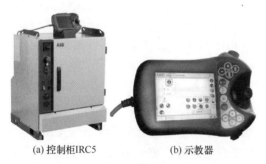

(a) 控制柜IRC5　　　(b) 示教器

图 1-60　ABB工业机器人的控制系统实物

1.2.4 传感系统

传感系统是机器人的重要组成部分，按其采集信息的位置，一般可分为内部和外部两类传感器。内部传感器是完成机器人运动控制所必需的传感器，如位置、速度等，用于采集机器人内部信息，是构成机器人不可缺少的基本元件。外部传感器检测机器人所处环境、外部物体状态或机器人与外部物体的关系。常用的外部传感器有力觉传感器、触觉传感器、接近觉传感器、视觉传感器等。一些特殊领域应用的机器人还可能需要具有温度、湿度、压力、滑动量、化学性质等感觉能力方面的传感器。机器人传感器的分类如表1-2所示。

表 1-2　机器人传感器的分类

内部传感器	用途	机器人的精确控制
	检测的信息	位置、角度、速度、加速度、姿态、方向等
	所用传感器	微动开关、光电开关、差动变压器、编码器、电位计、旋转变压器、测速发电机、加速度计、陀螺仪、倾角传感器、力（或力矩）传感器等

外部传感器	用途	了解工件、环境或机器人在环境中的状态,对工件的灵活、有效的操作
	检测的信息	工件和环境:形状、位置、范围、质量、姿态、运动、速度等 机器人与环境:位置、速度、加速度、姿态等 对工件的操作:非接触(间隔、位置、姿态等)、接触(障碍检测、碰撞检测等)、触觉(接触觉、压觉、滑觉)、夹持力等
	所用传感器	视觉传感器、光学测距传感器、超声测距传感器、触觉传感器、电容传感器、电磁感应传感器、限位传感器、压敏导电橡胶、弹性体加应变片等

传统的工业机器人仅采用内部传感器,用于对机器人运动、位置及姿态进行精确控制。使用外部传感器,使得机器人对外部环境具有一定程度的适应能力,从而表现出一定程度的智能。

1.3 工业机器人的应用

1.3.1 工业机器人技术参数

1.3.1.1 工业机器人技术参数概念

技术参数是各工业机器人制造商在产品供货时所提供的技术数据。尽管各厂商所提供的技术参数项目是不完全一样的,工业机器人的结构、用途等有所不同,且用户的要求也不同,但是工业机器人的主要技术参数一般都应有自由度、重复定位精度、工作范围、最大工作速度、承载能力等。

(1)自由度

自由度是指机器人所具有的独立坐标轴运动的数目,不应包括手爪(末端操作器)的开合自由度。在三维空间中描述一个物体的位置和姿态(简称位姿)需要 6 个自由度。但是,工业机器人的自由度是根据其用途而设计的,可能小于 6 个自由度,也可能大于 6 个自由度。例如,PUMA562 机器人具有 6 个自由度,如图 1-61 所示,可以进行复杂空间曲面的弧焊作业。从运动学的观点看,在完成某一特定作业时具有多余自由度的机器人,就叫作冗余自由度机器人,也可简称为冗余度机器人。例如,PUMA562 机器人执行印刷电路板上接插电子器件的作业时就成为冗余度机器人。利用冗余的自由度,可以增加机器人的灵活性、躲避障碍物和改善动力性能。机器人的手臂(大臂、小臂、手腕)共有 7 个自由度,所以工作起来很灵巧,手部可回避障碍物,从

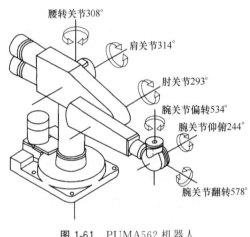

图 1-61 PUMA562 机器人

腰转关节308°
肩关节314°
肘关节293°
腕关节偏转534°
腕关节仰俯244°
腕关节翻转578°

不同方向到达同一个目的点。

(2)工作范围

工作范围是指机器人手臂末端或手腕中心所能到达的所有点的集合,也叫作工作区域。

因为末端操作器的形状和尺寸是多种多样的，为了真实反映机器人的特征参数，所以是指不安装末端操作器时的工作区域。工作范围的形状和大小是十分重要的，机器人在执行某作业时可能会因为存在手部不能到达的作业死区（Deadzone）而不能完成任务。图 1-62 和图 1-63 所示分别为 PUMA 机器人和 A4020 机器人的工作范围。

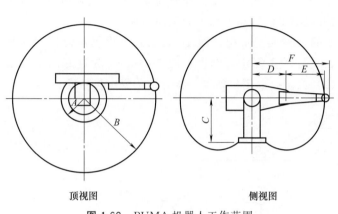

顶视图　　　　　　　　　　　　　　侧视图

图 1-62　PUMA 机器人工作范围

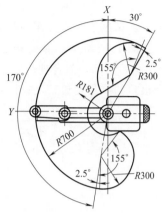

图 1-63　A4020 机器人工作范围

（3）最大工作速度

机器人在保持运动平稳性和位置精度的前提下所能达到的最大速度称为额定速度。其某一关节运动的速度称为单轴速度，由各轴速度分量合成的速度称为合成速度。

机器人在额定速度和规定性能范围内，末端执行器所能承受负载的允许值称为额定负载。在限制作业条件下，为了保证机械结构不损坏，末端执行器所能承受负载的最大值称为极限负载。

对于结构固定的机器人，其最大行程为定值，因此额定速度越高，运动循环时间越短，工作效率也越高。而机器人每个关节的运动过程一般包括启动加速、匀速运动和减速制动三个阶段。如果机器人负载过大，则会产生较大的加速度，造成启动、制动阶段时间增长，从而影响机器人的工作效率。对此，就要根据实际工作周期来平衡机器人的额定速度。

（4）承载能力

承载能力是指机器人在工作范围内的任何位姿上所能承受的最大重量，通常可以用质量、力矩或惯性矩来表示。承载能力不仅取决于负载的质量，而且与机器人运行的速度和加速度的大小和方向有关。一般低速运行时，承载能力强。为安全考虑，将承载能力这个指标确定为高速运行时的承载能力。通常，承载能力不仅指负载质量，还包括机器人末端操作器的质量。

（5）分辨率

机器人的分辨率由系统设计检测参数决定，并受到位置反馈检测单元性能的影响。分辨率可分为编程分辨率与控制分辨率。编程分辨率是指程序中可以设定的最小距离单位，又称为基准分辨率。控制分辨率是位置反馈回路能检测到的最小位移量。当编程分辨率与控制分辨率相等时，系统性能达到最高。

（6）精度

机器人的精度主要体现在定位精度和重复定位精度两个方面。

① 定位精度　是指机器人末端操作器的实际位置与目标位置之间的偏差，由机械误差、控制算法误差与系统分辨率等部分组成。

② 重复定位精度　是指在相同环境、相同条件、相同目标动作、相同命令的条件下，机器人连续重复运动若干次时，其位置会在一个平均值附近变化，变化的幅度代表重复定位精度，是关于精度的一个统计数据。因重复定位精度不受工作载荷变化的影响，所以通常用重复定位精度这个指标作为衡量示教再现型工业机器人水平的重要指标。

如图1-64所示，为重复定位精度的几种典型情况：图1-64（a）为重复定位精度的测定；图1-64（b）为合理的定位精度，良好的重复定位精度；图1-64（c）为良好的定位精度，很差的重复定位精度；图1-64（d）为很差的定位精度，良好的重复定位精度。

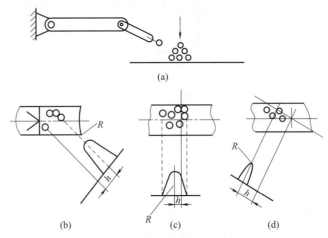

图1-64　重复定位精度的典型情况

（7）其他参数

此外，对于一个完整的机器人还有下列参数描述其技术规格。

① 控制方式　控制方式是指机器人用于控制轴的方式，是伺服还是非伺服，伺服控制方式是实现连续轨迹还是点到点的运动。

② 驱动方式　驱动方式是指关节执行器的动力源形式。通常有气动、液压、电动等形式。

③ 安装方式　安装方式是指机器人本体安装的工作场合的形式，通常有地面安装、架装、吊装等形式。

④ 动力源容量　动力源容量是指机器人动力源的规格和消耗功率的大小，比如，气压的大小、耗气量、液压高低、电压形式与大小、消耗功率等。

⑤ 本体质量　本体质量是指机器人在不加任何负载时本体的重量，用于估算运输、安装等。

⑥ 环境参数　环境参数是指机器人在运输、存储和工作时需要提供的环境条件，比如，温度、湿度、振动、防护等级和防爆等级等。

1.3.1.2　典型机器人的技术参数

图1-65所示的工业机器人的技术参数见表1-3～表1-5。

图1-65　IRB 2600
工业机器人

表 1-3　IRB 2600 工业机器人技术参数

序号	项　目		规　格
1	控制轴数		6
2	负载		12kg
3	最大到达距离		1850mm
4	重复定位精度		±0.04mm
5	质量		284kg
6	防护等级		IP67
7	最大动作速度（运动范围）	轴1	175(°)/s(±180°)
		轴2	175(°)/s(−95°～155°)
		轴3	175(°)/s(−180°～75°)
		轴4	360(°)/s(±400°)
		轴5	360(°)/s(−120°～120°)
		轴6	360(°)/s(±400°)
8	可达范围		IRB 2600-12/1.85

表 1-4　控制柜 IRC 5 技术参数

序号	项　目	规　格　描　述
1	控制硬件	多处理器系统 PCI 总线 Pentium® CPU 大容量存储用闪存或硬盘 备用电源，以防电源故障 USB 存储接口
2	控制软件	对象主导型设计 高级 RAPID 机器人编程语言 可移植、开放式、可扩展 PC-DOS 文件格式 ROBOTWare 软件产品 预装软件，另提供光盘
3	安全性	安全紧急停机 带监测功能的双通道安全回路 3 位启动装置 电子限位开关：5 路安全输出（监测第 1～7 轴）
4	辐射	EMC/EMI 屏蔽
5	功率	4kV·A
6	输入电压	AC200V-600V 50～60Hz
7	防护等级	IP54

表 1-5　示教器技术参数

序 号	项 目	规 格
1	材质	强化塑料外壳（含护手带）
2	质量	1kg
3	操作键	快捷键＋操纵杆
4	显示屏	彩色图形界面，6.7in 触摸屏
5	操作习惯	支持左右手互换
6	外部存储	USB
7	语言	中英文切换

1.3.2　工业机器人的应用环境

（1）网络机器人

网络机器人有两类机器人，一类是把标准通信协议和标准人机接口作为基本设施，再将它们与有实际观测操作技术的机器人融合在一起，即可实现无论何时何地、无论是谁都能使用的远程环境观测操作系统，这就是网络机器人。这种网络机器人基于 Web 服务器的网络

图 1-66　网络机器人

机器人技术，以 Internet 为构架，将机器人与 Internet 连接起来，采用客户端/服务器（C/S）模式，允许用户在远程终端上访问服务器，把高层控制命令通过服务器传送给机器人控制器，同时机器人的图像采集设备把机器人运动的实时图像再通过网络服务器反馈给远端用户，从而达到间接控制机器人的目的，实现对机器人的远程监视和控制。

如图 1-66 所示，另一类网络机器人是一种特殊的机器人，其"特殊"在于网络机器人没有固定的"身体"，网络机器人本质是网络自动程序，它存在于网络程序中，目前主要用来自动查找和检索互联网上的网站和网页内容。

（2）林业机器人

如图 1-67 所示六足伐木机器人除具有传统伐木机械的功能之外，它最大的特点就在于其巨型的昆虫造型了，因此它能够更好地适应复杂的路况，而不至于像轮胎或履带驱动的产品那样行动不便 。

（3）农业机器人

如图 1-68 所示采摘草莓的机器人。这款机器人内置有能够感应色彩的摄像头，可以轻

图 1-67　六足伐木机器人

图 1-68　采摘草莓的机器人

而易举地分辨出草莓和绿叶，利用事先设定的色彩值，再配合独特的机械结构，它就可以判断出草莓的成熟度，并将符合要求的草莓采摘下来。

（4）军事机器人

军用机器人按应用的环境不同又分为地面军用机器人、空中军用机器人、水下军用机器人和空间军用机器人几类。

① 地面军用机器人　地面军用机器人是指在地面上使用的机器人系统，它们不仅在和平时期可以帮助民警排除炸弹、完成要地保安任务，在战时还可以代替士兵执行扫雷、侦察和攻击等各种任务。图1-69所示的是山东立人智能科技有限公司生产的排爆地面军用机器人。

② 空中军用机器人　如图1-70所示，空中机器人一般是指无人驾驶飞机，是一种以无线电遥控或由自身程序控制为主的不载人飞机，机上无驾驶舱，但安装有自动驾驶仪、程序控制装置等设备，广泛用于空中侦察、监视、通信、反潜、电子干扰等。

图1-69　排爆地面军用机器人

③ 水下军用机器人　无人遥控潜水器也称水下机器人，是一种工作于水下的极限作业机器人，能潜入水中代替人完成某些操作，又称潜水器。图1-71为"水下龙虾"机器人。

图1-70　无人驾驶飞机

图1-71　"水下龙虾"机器人

④ 空间军用机器人　从广义上讲，一切航天器都可以成为空间机器人，如宇宙飞船、航天飞机、人造卫星、空间站等。图1-72所示是美国的火星探测器，航天界对空间机器人的定义一般是指用于开发太空资源、空间建设和维修、协助空间生产和科学实验、星际探索等方面的带有一定智能的各种机械手、探测小车等应用设备。

在未来的空间活动中，将有大量的空间加工、空间生产、空间装配、空间科学实验和空间维修等工作要做，这样大量的工作是不可能仅仅只靠宇航员去完成，还必须充分利用空间机器人，图1-73所示是空间机器人正在维修人造卫星。

⑤ 服务机器人　服务机器人是机器人家族中的一个年轻成员，到目前为止尚没有一个严格的定义。不同服务机器人的应用范围很广，主要从事维护保养、修理、运输、清洗、保安、救援、消防（图1-74是山东立人智能科技有限公司生产的消防机器人）、监护等工作。国际机器人联合会经过几年的搜集整理，给了服务机器人一个初步的定义：服务机器人是一种半自主或全自主工作的机器人，它能完成有利于人类健康的服务工作，但不包括从事生产

图 1-72　美国的火星探测器

图 1-73　空间机器人正在维修人造卫星

的设备。这里，我们把其他一些贴近人们生活的机器人也列入其中。

1.3.3　工业机器人的应用领域

（1）喷漆机器人

如图 1-75 所示，喷漆机器人能在恶劣环境下连续工作，并具有工作灵活、工作精度高等特点，因此喷漆机器人被广泛应用于汽车、大型结构件等喷漆生产线，以保证产品的加工质量，提高生产效率，减轻操作人员劳动强度。

图 1-74　消防机器人

图 1-75　喷漆机器人

（2）焊接机器人

用于焊接的机器人一般分为图 1-76 所示的点焊机器人和图 1-77 所示的弧焊机器人两种。弧焊接机器人作业精确，可以连续不知疲劳地进行工作，但在作业中会遇到部件稍有偏

图 1-76　点焊机器人

图 1-77　弧焊机器人

位或焊缝形状有所改变的情况，人工作业时，因能看到焊缝，可以随时做出调整，而焊接机器人，因为是按事先编号的程序工作，不能很快调整。

（3）上下料机器人

目前我国大部分生产线上的机床装卸工件仍由人工完成，其劳动强度大，生产效率低，而且具有一定的危险性，已经满足不了生产自动化的发展趋势，为提高工作效率，降低成本，并使生产线发展为柔性生产系统，应现代机械行业自动化生产的要求，越来越多的企业已经开始利用工业机器人进行上下料了，如图 1-78 所示。

图 1-78　数控机床用上下料机器人

（4）装配机器人

如图 1-79 所示，装配机器人是专门为装配而设计的工业机器人，与一般工业机器人比较，它具有精度高、柔顺性好、工作范围小、能与其他系统配套使用等特点。使用装配机器人可以保证产品质量，降低成本，提高生产自动化水平。

(a) 装配机器人　　　　　　　　　　　(b) 装配机器人的应用

图 1-79　装配机器人

（5）搬运机器人

在建筑工地，在海港码头，总能看到大吊车的身影，应当说吊车装运比起早前工人肩扛手抬已经进步多了，但这只是机械代替了人力，或者说吊车只是机器人的雏形，它还得完全依靠人操作和控制定位等，不能自主作业。图 1-80 所示的搬运机器人可进行自主搬运。当然，有时也可应用机械手进行搬运，图 1-81 所示就是山东立人智能科技有限公司生产的机械手。

图 1-80　搬运机器人

图 1-81　机械手

（6）码垛工业机器人

如图 1-82 所示，码垛工业机器人主要用于工业码垛。

（7）包装机器人

计算机、通信和消费性电子行业（3C 行业）和化工、食品、饮料、药品工业是包装机器人的主要应用领域，图 1-83 所示是包装机器人在工作。3C 行业的产品产量大、周转速度快，成品包装任务繁重；化工、食品、饮料、药品包装由于行业特殊性，人工作业涉及安全、卫生、清洁、防水、防菌等方面的问题。

图 1-82　码垛工业机器人

图 1-83　包装机器人在工作

（8）喷丸机器人

如图 1-84 所示喷丸机器人比人工清理效率高出 10 倍以上，而且工人可以避开污浊、嘈噪的工作环境，操作者只要改变计算机程序，就可以轻松改变不同的清理工艺。

（9）吹玻璃机器人

类似灯泡一类的玻璃制品，都是先将玻璃熔化，然后由人工吹起成形的，熔化的玻璃温度高达 1100℃以上，无论是搬运，还是吹制，工人不仅劳动强度很大，而且有害身体，工

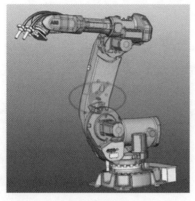
(a) 喷丸机器人

(b) 喷丸机器人的应用

图 1-84　喷丸机器人

作的技术难度要求还很高。法国赛博格拉斯公司开发了两种六轴工业机器人，应用于"采集"（搬运）和"吹制"玻璃两项工作。

（10）核工业机器人

如图 1-85 所示，核工业机器人主要用于以核工业为背景的危险、恶劣场所，特别针对核电站、核燃料后处理厂及三废处理厂等放射性环境现场，可以对其核设施中的设备装置进行检查、维修和简单事故处理等工作。

（11）机械加工工业机器人

这类机器人具有加工能力，本身具有加工工具，比如刀具等。刀具的运动是由工业机器人的控制系统控制的，主要用于切割（图 1-86）、去毛刺（图 1-87）与轻型加工（图 1-88）、抛光与雕刻等。这样的加工比较复杂，一般采用离线编程来完成。这类工业机器人有的已经具有了加工中心的某些特性，如刀库等。图 1-89 所示的雕刻工业机器人的刀库如图 1-90 所示。这类工业机器人的机械加工能力是远远低于数控机床的，因为刚度、强度等都没有数控机床好。

图 1-85　核工业机器人

图 1-86　激光切割机器人工作站

气动控制柜　机器人本体
工件夹具　去毛刺工具
工作台　法兰盘
离线编程仿真软件　机器人底座

图 1-87　去毛刺机器人工作站　　　　　　图 1-88　轻型加工机器人工作站

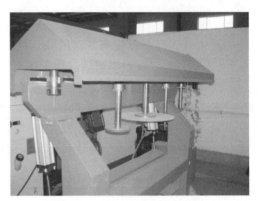

图 1-89　雕刻工业机器人　　　　　　图 1-90　雕刻工业机器人的刀库

1.3.4　工业机器人在新领域中的应用

（1）医用机器人

医用机器人是一种智能型服务机器人，它能独自编制操作计划，依据实际情况确定动作程序，然后把动作变为操作机构的运动。因此，它有广泛的感觉系统和智能、模拟装置（周围情况及自身——机器人的意识和自我意识），从事医疗或辅助医疗工作。

医用机器人种类很多，按照其用途不同，有运送物品机器人、移动病人机器人（图1-91）、临床医疗用机器人（图1-92）和康复训练机器人（图1-93）、护理机器人、医用教学机器人等。

图 1-91　移动病人机器人　　图 1-92　做开颅手术的机器人　　图 1-93　MGT 型下肢康复训练机器人

（2）其他机器人

其他方式的服务机器人包括健康福利服务机器人、公共服务机器人（图1-94）、家庭服务机器人（图1-95）、娱乐机器人（图1-96）、建筑工业机器人（图1-97）与教育机器人等几种形式。图1-98所示为送餐机器人，送餐也可以用小车，如图1-99所示。当然，类似的设备还有如图1-100、图1-101所示的设备，也可以归为机器人的一种。

图1-94　保安巡逻机器人　图1-95　家庭清洁机器人　图1-96　演奏机器人　图1-97　建筑机器人

图1-98　送餐机器人　　　　　图1-99　送餐小车　　　　　图1-100　自动旅行箱

高压巡线也是一项危险性较高的工种，工作人员需攀爬高压线设备进行安全巡视，具有较高的危险性。而通过借助高压线作业机器人（图1-102所示为变电站巡视机器人）来帮助工作人员进行高压线巡视，不仅省时省力，还能有效保障工作人员的生命安全。

图1-101　AGV小车　　　　　　　　　图1-102　变电站巡视机器人

再比如墙壁清洗机器人（如图1-103所示）、爬缆索机器人（如图1-104所示）以及管内移动机器人等。这些机器人都是根据某种特殊目的设计的特种作业机器人，为帮助人类完成一些高强度、高危险性或无法完成的工作。

图1-103　墙壁清洗机器人

图1-104　爬缆索机器人

1.4 工业机器人操作准备

1.4.1 进入工业机器人车间

（1）劳动保护

① 劳动保护用品　操作设备前必须按要求穿戴好劳动保护用品，如图1-105所示。

② 安全护具具体穿戴要求

a. 佩戴工作帽，头发尽量不外露，长发者可将头发盘于帽内，需正确规范地扣紧帽绳，防止操作工业机器人时安全帽脱落，造成安全隐患；

b. 穿着合身工作服，束紧领口、袖口和下摆，扣好纽扣，内侧衣物不外露，必要时系好安全带；

c. 不佩戴首饰，尤其是手指和腕部；

d. 裤管需束紧，不得翻边；

e. 穿着劳保鞋，系紧鞋带；

f. 操作示教器时不佩戴手套；

g. 根据工作现场要求佩戴口罩、防护眼镜等安全护具。

图1-105　劳动保护

1—佩戴安全帽；2—扣紧帽绳；3—扣好纽扣；4—系好安全带；5—穿好劳保鞋

（2）关闭总电源

在进行机器人的安装、维修和保养时切记要将总电源关闭。带电作业可能会产生致命性后果。如不慎遭高压电击，有可能导致心跳停止、烧伤或其他严重伤害。

（3）安全距离

在调试与运行机器人时，它可能会执行一些意外的或不规范的运动，而且所有的运动都会产生很大的力量，会严重伤害个人或损坏机器人工作范围内的任何设备，所以时刻警惕与机器人保持足够安全的距离。

（4）静电

静电放电（ESD）是电势不同的两个物体之间的静电传导，它可以通过直接接触传导，也可以通过感应电场传导。搬运部件或部件容器时，未接地的人员可能会传导大量的静电荷。这一放电过程可能会损坏敏感的电子设备。所以在有此标识的情况下，要做好静电放电防护。

（5）紧急停止

紧急停止优先于任何其他机器人控制操作，它会断开机器人电动机的驱动电源，停止所有运转部件，并切断由机器人系统控制且存在潜在危险的功能部件的电源。出现下列情况时请立即按下紧急停止按钮。

① 机器人运行中，工作区域内有工作人员；

② 机器人伤害了工作人员、工件胚体或损伤了其他周边配套机器设备。

（6）灭火

发生火灾时，请确保全体人员安全撤离后再进行灭火，应首先处理受伤人员。当电气设备（例如机器人或控制器）起火时，使用二氧化碳灭火器，切勿使用水或泡沫灭火剂灭火。

（7）工作中的安全

当进入机器人作业区域时，务必遵循如下所有的安全条例：

① 如果在机器人工作区域内有工作人员，请手动操作机器人系统；

② 当进入工作区域时，请准备好示教器，以便随时控制机器人；

③ 注意旋转或运动的工具，例如：转盘、喷枪。确保人在接近机器人之前，这些工具已经停止运动；

④ 注意工件和机器人系统的高温表面，机器人电动机长时间运转后温度很高；

⑤ 注意夹具并确保夹好工件。如果夹具打开，工件会脱落并导致人员伤害或设备损坏。夹具非常有力，如果不按照正确方法操作，也会导致人员伤害；

⑥ 注意液压、气压系统以及带电部件。即使断电，这些电路上的残余电量也很危险；

⑦ 电磁波干扰虽与其种类或强度有关，但以当前的技术尚无完善对策。机器人操作中、通电中等情况下，应遵守操作注意事项规定。电磁波、其他噪声以及基板缺陷等会导致所记录的数据丢失。因此请将程序或常用数据备份到闪存卡（Compact Flash Card）等外部存储介质内；

⑧ 大型系统中由多名作业人员进行作业，必须在相距较远处进行交流时，应通过使用手势等方式正确传达意图，如图 1-106 所示，以免环境中的噪声等因素会使意思无法正确传达，而导致事故发生。

（8）自动模式

自动模式（100％）用于在生产中运行机器人程序。在自动模式操作情况下，如果出现有机器人碰撞、损坏周边设备或有人擅自进入机器人作业区域内——操作人员必须立即按下急停按钮。

（9）其他

① 在开机运行前，必须知道机器人根据所编程序将要执行的全部任务；

② 必须知道所有会影响机器人移动的开关、传感器和控制信号的位置和状态；

③ 必须知道机器人控制器和外围控制设备上的紧急停止按钮的位置，随时准备在紧急情况下使用这些按钮。

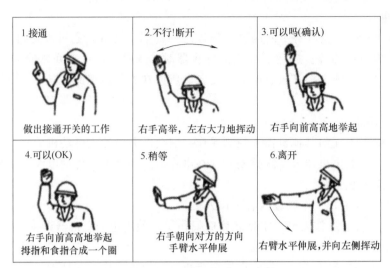

1.接通	2.不行!断开	3.可以吗(确认)
做出接通开关的工作	右手高举，左右大力地挥动	右手向前高高地举起
4.可以(OK)	5.稍等	6.离开
右手向前高高地举起拇指和食指合成一个圈	右手朝向对方的方向手臂水平伸展	右臂水平伸展，并向左侧挥动

图 1-106　工业用机器人手势法

④ 永远不要认为机器人没有移动机器人的程序就已经结束。因为机器人很有可能是在等待让它继续移动的信号。

1.4.2　工业机器人的基本术语

（1）关节

关节（Joint）：即运动副，是允许机器人手臂各零件之间发生相对运动的机构，是两构件直接接触并能产生相对运动的活动连接，如图 1-107 所示。A、B 两部件可以做互动连接。

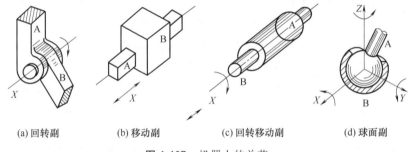

(a) 回转副　　　(b) 移动副　　　(c) 回转移动副　　　(d) 球面副

图 1-107　机器人的关节

高副机构（Higher Pair），简称高副，指的是运动机构的两构件通过点或线的接触而构成的运动副。例如齿轮副和凸轮副就属于高副机构。平面高副机构拥有两个自由度，即相对接触面切线方向的移动和相对接触点的转动。相对而言，通过面的接触而构成的运动副叫作低副机构。

关节是各杆件间的结合部分，是实现机器人各种运动的运动副，由于机器人的种类很多，其功能要求不同，关节的配置和传动系统的形式都不同。机器人常用的关节有移动、旋转运动副。一个关节系统包括驱动器、传动器和控制器，属于机器人的基础部件，是整个机器人伺服系统中的一个重要环节，其结构、重量、尺寸对机器人性能有直接影响。

① 回转关节　回转关节，又叫作回转副、旋转关节，是使连接两杆件的组件中的一件相对于另一件绕固定轴线转动的关节，两个构件之间只做相对转动的运动副，如手臂与机

座、手臂与手腕，并实现相对回转或摆动的关节机构，由驱动器、回转轴和轴承组成。多数电动机能直接产生旋转运动，但常需各种齿轮、链、带传动或其他减速装置，以获取较大的转矩。

② 移动关节 移动关节，又叫作移动副、滑动关节、棱柱关节，是使两杆件的组件中的一件相对于另一件做直线运动的关节，两个构件之间只做相对移动。它采用直线驱动方式传递运动，包括笛卡儿坐标结构的驱动，圆柱坐标结构的径向驱动和垂直升降驱动，以及极坐标结构的径向伸缩驱动。直线运动可以直接由气缸或液压缸和活塞产生，也可以采用齿轮齿条、丝杠、螺母等传动元件把旋转运动转换成直线运动。

③ 圆柱关节 圆柱关节，又叫作回转移动副、分布关节，是使两杆件的组件中的一件相对于另一件移动或绕一个移动轴线转动的关节，两个构件之间除了做相对转动之外，还同时可以做相对移动。

④ 球关节 球关节，又叫作球面副，是使两杆件间的组件中的一件相对于另一件在三个自由度上绕一固定点转动的关节，即组成运动副的两构件能绕一球心作三个独立的相对转动的运动副。

（2）连杆

连杆（Link）：指机器人手臂上被相邻两关节分开的部分，是保持各关节间固定关系的刚体，是机械连杆机构中两端分别与主动和从动构件铰接以传递运动和力的杆件。例如在往复活塞式动力机械和压缩机中，用连杆来连接活塞与曲柄。连杆多为钢件，其主体部分的截面多为圆形或工字形，两端有孔，孔内装有青铜衬套或滚针轴承，供装入轴销而构成铰接。

连杆是机器人中的重要部件，它连接着关节，其作用是将一种运动形式转变为另一种运动形式，并把作用在主动构件上的力传给从动构件以输出功率。

（3）刚度

刚度（Stiffness）：是机器人机身或臂部在外力作用下抵抗变形的能力。它是用外力和在外力作用方向上的变形量（位移）之比来度量。在弹性范围内，刚度是零件载荷与位移成正比的比例系数，即引起单位位移所需的力。它的倒数称为柔度，即单位力引起的位移。刚度可分为静刚度和动刚度。

在任何力的作用下，体积和形状都不发生改变的物体叫作刚体（Rigid Body）。在物理学上，理想的刚体是一个固体的、尺寸值有限的、形变情况可以被忽略的物体。无论是否受力，在刚体内任意两点的距离都不会改变。在运动中，刚体的任意一条直线在各个时刻的位置都保持平行。

1.4.3 工业机器人的图形符号体系

（1）运动副的图形符号

机器人所用的零件和材料以及装配方法等与现有的各种机械完全相同。机器人常用的关节有移动、旋转运动副，常用的运动副图形符号如表 1-6 所示。

（2）基本运动的图形符号

机器人的基本运动与现有的各种机械表示也完全相同。常用的基本运动图形符号如表1-7 所示。

（3）运动机能的图形符号

机器人的运动机能常用的图形符号如表 1-8 所示。

表 1-6 常用的运动副图形符号

运动副名称		运动副符号	
		两运动构件构成的运动副	两构件之一为固定时的运动副
平面运动副	转动副	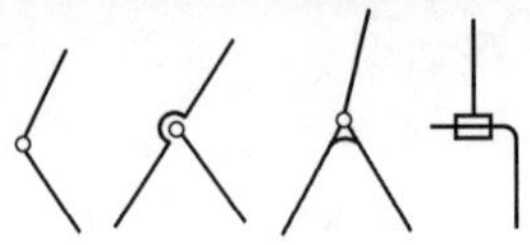	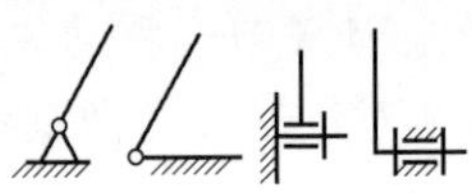
	移动副	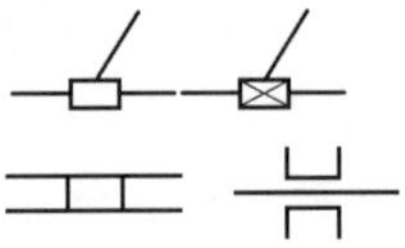	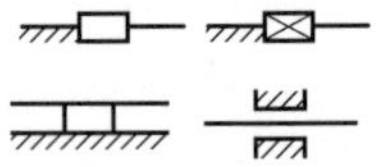
	平面高副		
空间运动副	螺旋副	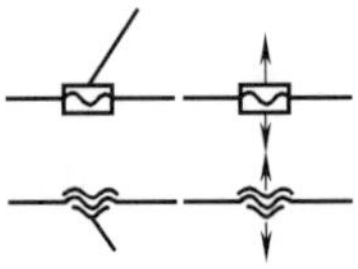	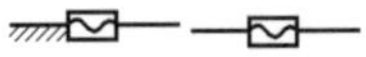
	球面副及球销副	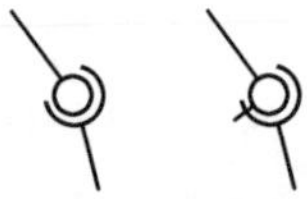	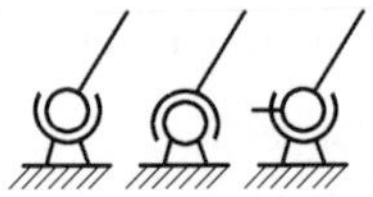

表 1-7 常用的基本运动图形符号

序号	名称	符号	序号	名称	符号
1	直线运动方向	 单向　双向	4	刚性连接	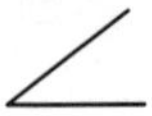
2	旋转运动方向	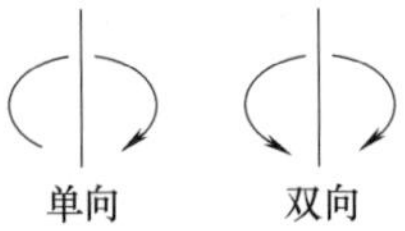 单向　双向	5	固定基础	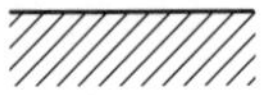
3	连杆、轴关节的轴	 ——	6	机械联锁	

表 1-8 机器人的运动机能常用的图形符号

编号	名称	图形符号	参考运动方向	备注
1	移动(1)	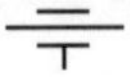	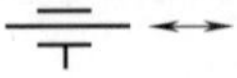	
2	移动(2)		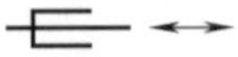	
3	回转机构	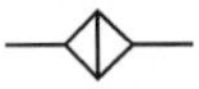	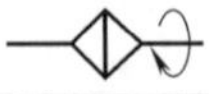	
4	旋转(1)	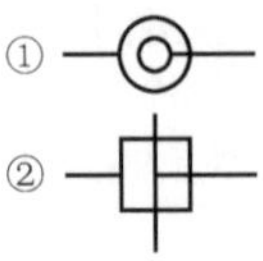 ①　②	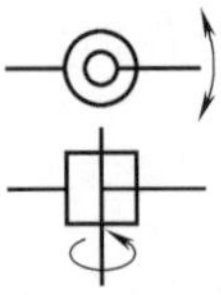	①一般常用的图形符号②表示①的侧向的图形符号

编号	名称	图形符号	参考运动方向	备　注
5	旋转(2)	① 　②		①一般常用的图形符号 ②表示①的侧向的图形符号
6	差动齿轮			
7	球关节			
8	握持			
9	保持			包括已成为工具的装置,工业机器人的工具此处未做规定
10	机座			

（4）运动机构的图形符号

机器人的运动机构常用的图形符号如表 1-9 所示。

表 1-9　机器人的运动机构常用的图形符号

序号	名称	自由度	符号	参考运动方向	备注
1	直线运动关节(1)	1			
2	直线运动关节(2)	1			
3	旋转运动关节(1)	1			
4	旋转运动关节(2)	1			平面
5		1			立体
6	轴套式关节	2			
7	球关节	3			

序号	名称	自由度	符号	参考运动方向	备注
8	末端操作器		一般型 熔接 真空吸引		用途示例

机器人的描述方法可分为机器人机构简图、机器人运动原理图、机器人传动原理图、机器人速度描述方程、机器人位姿运动学方程、机器人静力学描述方程等。

机器人的机构简图是描述机器人组成机构的直观图形表达形式，是将机器人的各个运动部件用简便的符号和图形表达出来，此图可用上述图形符号体系中的文字与代号表示。典型工业机器人的机构简图如图 1-108 所示。

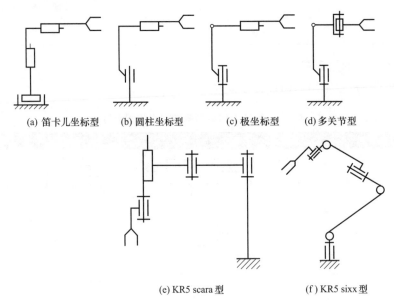

(a) 笛卡儿坐标型　　(b) 圆柱坐标型　　(c) 极坐标型　　(d) 多关节型

(e) KR5 scara型　　　　　(f) KR5 sixx型

图 1-108　典型工业机器人的机构简图

1.4.4　工业机器人的安全符号

表 1-10 提供了工业机器人图形符号示例，可用来标识常规的操作方式。图形符号可包含附加的描述性文字，以便尽可能清楚地提供关于方式选择与期望性能的信息。但不同的工业机器人其标牌也是有区别的。

表 1-10　机器人操作方式标签

方式	图形符号	ISO 7000 中的图形	方式	图形符号	ISO 7000 中的图形
自动		0017	手动降速		0096

方式	图形符号	ISO 7000 中的图形	方式	图形符号	ISO 7000 中的图形
手动高速		0026 和 0096 结合			

不同型号的工业机器人其安全符号是不同的，现以 ABB 工业机器人为例介绍，表 1-11 为 ABB 工业机器人的安全符号。

表 1-11　ABB 工业机器人的安全符号

序号	标　志	名称	说　　明
1		警告	警告如果不依照说明操作，可能会发生事故，造成严重的伤害（可能致命）和/或重大的产品损坏。该标志适用于以下险情： 触碰高压电器单元、爆炸、火灾、吸入有毒气体、挤压、撞击、高空坠落等
2		注意	警告如果不依照说明操作，可能会发生能造成伤害和/或产品损坏的事故。该标志适用于以下险情：灼伤、眼部伤害、皮肤伤害、听力损伤、挤压或滑倒、跌倒、撞击、高空坠落等。此外，它还适用于某些涉及功能要求的警告消息，即在装配和移除设备过程中出现有可能损坏产品或引起产品故障的情况时，就会采用这一标志
3		禁止	与其他标志组合使用
4		参阅用户文档	请阅读用户文档，了解详细信息。 符号所定义的要阅读的手册，一般为产品手册
5		参阅产品手册	在拆卸之前，请参阅产品手册
6		不得拆卸	拆卸此部件可能会导致伤害
7		旋转更大	此轴的旋转范围（工作区域）大于标准范围
8		制动闸释放	按此按钮将会释放制动闸。这意味着操纵臂可能会掉落

第 1 章　工业机器人应用编程基础

045

序号	标 志	名称	说 明
9		拧松螺栓有倾翻风险	如果螺栓没有固定牢靠,操纵器可能会翻倒
10		挤压	挤压伤害风险
11		高温	存在可能导致灼伤的高温风险
12		机器人移动	机器人可能会意外移动
13		制动闸释放按钮	制动闸释放按钮
14		吊环螺栓	吊环螺栓

序号	标　志	名称	说　明
15		带缩短器的吊货链	带缩短器的吊货链
16		机器人提升	机器人提升
17		润滑油	如果不允许使用润滑油，则可与禁止标志一起使用
18		机械挡块	机械挡块
19		无机械制动器	无机械制动器
20		储能	警告此部件蕴含储能 与不得拆卸标志一起使用
21		压力	警告此部件承受了压力。通常另外印有文字，标明压力大小
22		使用手柄关闭	使用控制器上的电源开关

1.4.5　操作规程

以焊接机器人工作站为例来介绍其操作规程。

（1）焊接机器人操作规程

工作前：

① 每班开始焊接前要检查焊枪吸尘管、线缆等是否有（或可能有）缠绕机械手臂或打卷情况，如果有，要及时处理后再开始焊接。

② 每天开始焊接前要检查平衡器拉索松紧情况，如果过松或过紧，应用平衡器上旋钮调整到适当松紧。

③ 仔细检查系统的水、电、气是否正常；检查焊枪导电嘴、焊机水箱、清枪液、焊丝的余量等是否满足正常使用要求，焊丝牌号是否正确，各机构确认正常后方可开始工作。

④ 焊枪内分流器和绝缘环必须完好，不得缺失，如果缺失可能造成短路，损坏焊枪系统。

⑤ 吊离时必须松开所有压紧机构，并确认其不妨碍工件吊离。

⑥ 起吊工件前查看工件工艺支承位置是否准确，确保无多余工艺支承后，将工件吊运进入非自动焊接工位，应将工件缓慢落在变位机上，尽量避免冲击。

⑦ 调整夹紧机构夹紧工件。注意夹紧机构的位置要始终与编程时的位置一致，并确认工件的夹紧情况。

设备运行中：

① 机器人动作速度较快，存在危险性，操作人员应负责维护工作站正常运转秩序，严禁非工作人员进入工作区域。

② 工作人员在编程示教时，应将机器人调整到 T1 测试模式（最快运行速度 250mm/s）以确保安全。

③ 机器人开机工作中，需要有人员看守。操作人员暂时离开前，先确认系统和电弧工作正常，并且离开时间不能超过 10min。当操作人员较长时间离开时，需根据情况，暂停焊接或切断伺服。

④ 当操作者与机器人分处于不同工位区域工作时，应将机器人工作区域防护链挂好，以防止其他人员进入。

⑤ 焊接过程中通过听、看等方法来判断焊接是否正常，确认焊接电弧稳定性、焊接电流和焊接飞溅的变化，发现异常时应立即停止焊接。

⑥ 工件应在变位机上装夹牢固，防止工件在翻转时滑落，造成伤害。

⑦ 装夹工具用完后必须收回，旋转妥当，严禁留在变位机或工件上或随手乱放。

⑧ 焊接前应检查工件拼点准确性，误差超过 5mm 以上需要向前道工序和工段长反馈质量问题，对不能达到要求的拼点工件进行修正。

⑨ 焊接之前要仔细检查工件表面有无氧化皮、铁锈和油污等影响焊缝质量的问题，务必处理完毕后才能开始焊接作业。

⑩ 在焊接起弧前，操作人员应查看起弧点位置，没有偏差时，再启动焊接。严禁用尖嘴钳等硬物按控制开关等操作按钮。

⑪ 机器人工作状态下，变位机翻转区域内严禁人员进入或放置物品。

⑫ 清枪剪丝时机器人动作较快，操作人员应避免停留在清枪剪丝位置附近。经常查看清枪剪丝效果，如果焊枪在清枪过程中与绞刀位置发生偏移或剪丝效果不好，必须及时检查程序和校正焊枪。

⑬ 机器人工作时，操作人员应注意查看焊枪线缆状况，防止其缠绕在机器人上。

⑭ 示教器和线缆不能放置在变位机上，应随手携带或挂在操作位置。

⑮ 线缆不能严重绕曲成麻花状和与硬物摩擦，以防内部线芯折断或裸露。

⑯ 如需要手动控制机器人时，应确保机器人动作范围内无任何人员或障碍物，将速度由慢到快逐渐调整，避免速度突变造成伤害或损失。

⑰ 多注意查看焊丝余量，防止因焊丝用完而发生碰枪、烧嘴等情况。

⑱ 机器人各臂载荷能力有限，禁止任何人对机器人施加较大外力。

⑲ 出现气孔时，检查保护气压力是否达到要求和分流器是否堵塞，如有异常应及时调整和清理。

⑳ 机器人运行过程中必须注意机器人与变位机、机器人与工件的相对位置，确保安全，操作者自身也应与机器人保持安全距离，以确保自身安全。

㉑ 对于已经编好的焊接程序，操作人员不得擅自改动任何点的位置或焊接参数。如果需要改动，先记录程序号和步骤，与相关人员商议后再进行更改和检验。

㉒ 工作站在非工作状态时，机器人和变位机需置于安全位置。

工作后：

① 关闭系统的水、电、气，使设备各处于停机状态。

② 进行日常维护保养。

③ 填写"交接班记录"，做好交接班工作。

（2）电源水箱操作指导

① 旋开并移走水箱盖。

② 检查滤网上有没有杂物，如果需要，应清洁滤网，并装回原位。

③ 冷却液不能直接使用自来水。

④ 冷却液不能直接排放。

⑤ 加冷却液到水箱最高液面线，并盖上水箱盖。

⑥ 首次加入冷却液时，在机器打开后，至少等待 1min，让冷却管道内充满冷却液，同时排出空气或泡沫。

⑦ 如果频繁地更换焊枪，或者首次调试，需要根据需要添加冷却液到最高液面。

⑧ 冷却液的液面不得低于最低液面线，添加冷却液的时候必须使用水箱滤网（标配冷却液牌号 KF 23E）。

（3）除尘设备操作规程

① 要使用干净、干燥并且不含油的压缩空气，压力为 $4 \sim 6 bar$（$1bar = 10^5 Pa$）；如发现压缩空气压力不足，应调整压力后工作。

② 不要在没有滤筒的情况下使用本设备。

③ 每个月都要检查滤筒的干净程度，及时更换不合格的滤筒。

④ 每个星期都要拧一次背面的储水阀门，放出设备内的存水。

⑤ 要避免设备受潮。

⑥ 灰尘收集筒要定期清理，收集的频率视烟尘量来决定。

⑦ 打开设备控制盒时要关闭电源。

⑧ 焊接结构件表面要清理干净，不得有油污。

（4）清枪剪丝站使用操作规程

① 设备运行时，千万不要将手伸入清理枪嘴的铰刀，有极大的危险性，比如，肢体的

挤伤切断等。身体上佩戴的物品或衣服有可能被旋转的铰刀卷入清枪机构中。

② 坚持每周对设备进行清扫。

③ 执行维护操作时，压缩空气和机器人的供电都应该被切断，否则会有因从清枪机构中飞出部件或电击而引起的危险。切断气源以确保机构不受压缩空气的触动。

④ 每周检查一次硅油瓶中的硅油。

⑤ 气动马达每月注油一次。

⑥ 清枪装置免维护，压缩空气无须加油。

⑦ 设备所使用的压缩空气压力不得超过8bar，压缩空气不得掺有水、油污。

（5）机器人焊枪使用注意事项

① 焊枪安装时一定要注意，需要使枪颈后端带外丝的接头和集成电缆带铜内丝的塑料锁母对正，然后轻柔顺畅地拧紧，以确保枪颈和电缆的导电面紧密接触。如果没有充分拧紧，枪颈和电缆的导电面间就会有间隙，由于电流较大会出现间隙放电，而破坏导电面，从而使枪颈和电缆出现不可修复的故障。

② 对于水冷焊枪，由于间断焊接导致铜锁母经常冷热交替，可能会导致螺纹松动，枪颈和电缆间出现间隙而放电烧损，所以应每周定期检查并拧紧塑料锁母，但注意不要用力过大导致滑丝。

③ 如果在电缆法兰处出现漏水现象，请及时检查是否正确安装枪颈；如果枪颈电缆的接触面已经出现损坏，请及时送厂家维修，切忌将水箱关闭继续使用，否则会出现不可修复的损坏！

④ 对水冷焊枪工作时要保证充分冷却，TBi水冷焊枪要求在2bar压力下，水流达到1.6～2L/min请经常检查水箱、通水管道和水质，并每3个月定期更换水箱内冷却液体（专用冷却液或蒸馏水混合汽车防冻液）。

⑤ 在使用机器人焊枪前请检查清枪站清枪绞刀和焊枪喷嘴、导电嘴是否匹配，如不匹配会对焊枪造成严重的损坏，从而导致整个系统无法工作。

⑥ 请严格按照额定电流和暂载率使用本产品，超负荷使用可导致焊枪损坏。请只使用TBi原厂配件和耗材，否则将导致丧失原厂质保。

⑦ 清枪站需要定期维护：清枪站一定要使用干燥清洁的压缩空气，并每周拧开气动马达下面的胶木螺栓放水以免使转轴生锈影响转动；移动轴每月注油一次；每周对设备进行清扫；每周检查一次硅油瓶中的硅油。

⑧ 每次使用焊枪前后，请检查喷嘴、导电嘴、导电嘴座、气体分流器、绝缘垫片、送丝管、导丝管等耗材是否正确安装及完好，有问题请及时更换。更换导电嘴时请用扳手固定住导电嘴座，以免电嘴座连同导电嘴一起卸下。这样可以延长焊枪使用寿命。只有当导电嘴的螺纹磨平后再更换导电嘴座。

⑨ 更换清理焊枪部件时需要用专用工具完成，不得采用硬物敲击、偏口钳夹持等严重影响焊枪使用的方法。

⑩ 使用焊枪后，应用压缩空气吹扫送丝管和焊枪，防止焊屑影响送丝、损坏焊枪。

⑪ 如遇送丝不畅，应更换送丝管、导丝管、导电嘴等，并检查送丝机的送丝轮，压力过小会影响送丝，压力过大会伤害焊丝表面，影响引弧稳定。

第2章

工业机器人的操作

2.1.1 示教器的基本操作

(1)认识示教器

示教器是工业机器人重要的控制及人机交互部件，是进行机器人的手动操纵、程序编写、参数配置以及监控等操作的手持装置，也是操作者最常打交道的机器人控制装置。

一般来说，操作者左手握持示教器，右手进行相应的操作，如图 2-1 所示。

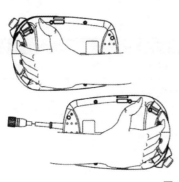

图 2-1　手持示教器

(2)示教器的基本结构

① 示教器的外观及布局　不同的控制系统，示教器的外观是有差异的，如图 2-2、图 2-3 所示。

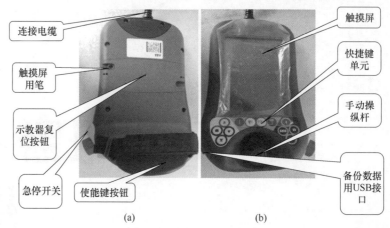

图 2-2 ABBIRC5 示教器

示教器正面有专用的硬件按钮（如图 2-2），用户可以在上面的四个预设键上配置所需功能。示教器硬件按钮说明如表 2-1 所示。

② 正确使用使能键按钮 使能键按钮位于示教器手动操纵杆的右侧，操作者应用左手的手指进行操作。

在示教器按键中要特别注意使能键的使用。使能键是机器人为保证操作人员人身安全而设置的。只有在按下使能键并保持在"电动机开启"的状态下，才可以对机器人进行手动的操作和程序的编辑调试。当发生危险时，人会本能地将使能键松开或按紧，机器人则会马

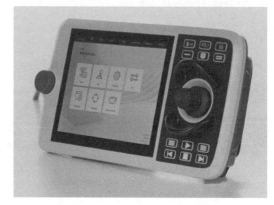

图 2-3 Omnicore 控制柜示教器

上停下来，保证安全。另外在自动模式下，使能键是不起作用的；在手动模式下，该键有三个位置：

a. 不按——释放状态：机器人电动机不上电，机器人不能动作，如图 2-4 所示。

表 2-1 示教器硬件按钮说明

硬件按钮示意图	标号	说明
	A~D	预设按键
	E	选择机械单元
	F	切换运动模式，重定位或线性模式
	G	切换运动模式，轴 1-3 或轴 4-6
	H	切换增量
	J	步退按钮。按下时可使程序后退至上一条指令
	K	启动按钮。开始执行程序
	L	步进按钮。按下时可使程序前进至上一条指令
	M	停止按钮。按下时停止程序执行

b. 轻轻按下：机器人电动机上电，机器人可以按指令或操纵杆操纵方向移动，如图 2-5 所示。

图 2-4　电动机不上电　　　　　　　　图 2-5　电动机上电

c. 用力按下：机器人电动机失电，停止运动，如图 2-6 所示。

图 2-6　电动机失电

（3）示教器的界面窗口

① 主界面　示教器的主界面如图 2-7 所示，由于版本的不同，示教器的开机界面会有所不同。各部分说明如表 2-2 所示。

② 界面窗口　菜单中每项功能选择后，都会在任务栏中显示一个按钮。可以按此按钮进行切换当前的任务（窗口）。图 2-8 是一个同时打开四个窗口的界面，在示教器中最多可以同时打开 6 个窗口，且可以通过单击窗口下方任务栏按钮实现在不同窗口之间的切换。

图 2-7　示教器主界面

（4）示教器的主菜单

示教器系统应用进程从主菜单开始，每项应用将在该菜单中选择。按系统菜单键可以显示系统主菜单，如图 2-9 所示，各菜单功能见表 2-3。

表 2-2　示教器主界面说明

标号	说　　明
A	ABB 菜单
B	操作员窗口：显示来自机器人程序的信息。程序需要操作员做出某种响应以便继续时，往往会出现此情况
C	状态栏：状态栏显示与系统状态有关的重要信息，如操作模式、电机开启/关闭、程序状态等
D	关闭按钮：单击关闭按钮将关闭当前打开的视图或应用程序
E	任务栏：透过 ABB 菜单，可以打开多个视图，但一次只能操作一个，任务栏显示所有打开的视图，并可用于视图切换
F	快捷键菜单：包含对微动控制和程序执行进行的设置等

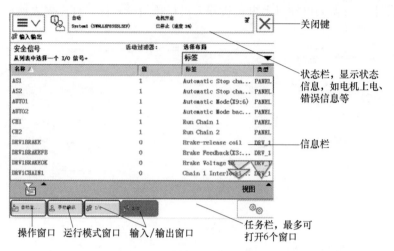

图 2-8　ABB 示教器系统窗口

表 2-3　ABB 示教器主菜单功能

序号	图标	名　称	功　　能
1		输入输出	查看输入输出(I/O)信号
2		手动操纵	手动移动机器人时,通过该选项选择需要控制的单元,如机器人或变位机等
3		自动生产窗口	由手动模式切换到自动模式时,窗口自动跳出。自动运行中可观察程序运行状况
4		程序数据	设置数据类型,即设置应用程序中不同指令所需要的不同类型的数据
5		程序编辑器	用于建立程序、修改指令及程序的复制、粘贴、删除等
6		备份与恢复	备份程序、系统参数等
7		校准	输入、偏移量、零位等校准
8		控制面板	参数设定、I/O 单元设定、弧焊设备设定、自定义键设定及语言选择等。例如,示教器中英文界面选择方法:ABB→控制面板→语言→Control Panel→Language→Chinese
9		事件日志	记录系统发生的事件,如电机通电/失电、出现操作错误等各种过程
10		FlexPendant 资源管理器	新建、查看、删除文件夹或文件等
11		系统信息	查看整个控制器的型号、系统版本和内存等

（5）示教器的快捷菜单

快捷菜单提供较操作窗口更加快捷的操作按键，可用于选择机器人的运动模式、坐标系等，是"手动操纵"的快捷操作界面，每项菜单使用一个图标显示当前的运行模式或设定值。快捷菜单如图 2-10 所示，各菜单功能见表 2-4。

图 2-9　ABB 示教器系统主菜单

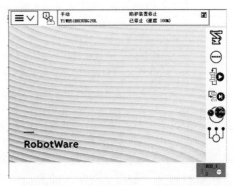

图 2-10　ABB 机器人系统快捷菜单

表 2-4　ABB 机器人系统快捷菜单功能

序号	图标	名　称	功　　能
1	 ROB_1 1/3 ⋯	快捷键	快速显示常用选项
2		机械单元	工件与工具坐标系的改变
3		增量	手动操纵机器人的运动速度调节
4		运行模式	有连续和单次运行两种模式
5		步进运行	不常用
6		速度模式	运行程序时使用,调节运行速度的百分率
7		停止和启动	停止和启动机械单元

注意：ABB 示教器版本不同，快捷键各部分图标会不同，但是并不影响各快捷键的定义和使用。

2.1.2　ABB 机器人系统的基本操作

（1）机器人系统的启动及关闭

① 认识机器人控制柜　机器人控制柜面板如图 2-11 所示，各部分功能如表 2-5 所示。

表 2-5　面板各部分功能

标号	说　明
1	机器人电源开关：用来闭合或切断控制柜总电源。图示状态为开启，逆时针旋转为关闭
2	急停按钮：用于紧急情况下的强行停止，当需恢复时只需顺时针旋转释放即可
3	上电按钮及上电指示灯：手动操作时，当指示灯常亮表示电机上电；当指示灯频闪时，表示电机断电。当机器人切换到自动状态时，在示教器上单击"确定"后还需按下这个按钮机器人才会进入自动运行状态
4	机器人运动状态切换旋钮：分为自动、手动、手动 100％三挡模式，左边为自动运行模式，中间为手动限速模式，右侧为手动全速模式
5	示教器接口：连接示教器
6	USB 接口：可以连接外部移动设备，如 U 盘等，可用于系统的备份/恢复、文件或程序的拷贝/读取等
7	RJ45 以太网接口：连接以太网

② 机器人的开关机操作

a. 开机。在确保设备正常及机器人工作范围内无人后，打开机器人控制柜上的电源主开关（如图 2-12 所示的电源总开关），系统自动检查硬件。检查完成后若没有发现故障，系统将在示教器显示如图 2-7 所示的界面信息。

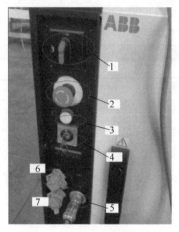

图 2-11　机器人控制柜面板

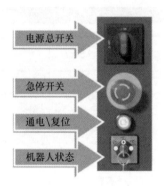

图 2-12　机器人控制柜开关

b. 关机。在关闭机器人系统之前，首先要检查是否有人处于工作区域内，以及设备是否运行，以免发生意外。如果有程序正在运行，则必须先用示教器上的停止按钮使程序停止运行。当机器人回到原点后关闭机器人控制柜上主电源开关，机器人系统关闭。

这里需要特别注意的是，为了保护设备，不得频繁开关电源，设备关机后再次开启电源的间隔时间不得小于 2min。

（2）机器人系统的重启

① 重启条件　ABB 机器人系统可以长时间无人操作，无须定期重新启动运行的系统。在以下情况下需要重新启动机器人系统：

a. 安装了新的硬件；

b. 更改了机器人系统配置参数；

c. 出现系统故障（SYSFIL）；

d. RAPID 程序出现程序故障；

e. 更换 SMB 电池。

② 重启种类　ABB 机器人系统的重启动主要有以下几种类型：

a. 热启动：使用当前的设置重新启动当前系统；

b. 关机：关闭主机；

c. B-启动：重启并尝试回到上一次的无错状态，一般情况下当系统出现故障时常使用这种方式；

d. P-启动：重启并将用户加载的 RAPID 程序全部删除；

e. I-启动：重启并将机器人系统恢复到出厂状态。

操作步骤为：主菜单—重新启动—选择所需要的启动方式。

（3）设置系统语言

ABBIRC5 示教器出厂时，默认的显示语言是英语。系统支持多种显示语言，为了方便操作，下面以设置中文界面为例介绍设定系统语言的操作，具体操作步骤如表 2-6 所示。

表 2-6　设定示教器系统语言步骤

操作说明	操作界面
1. 将控制柜上的机器人状态钥匙切换到中间的手动限速状态，在状态栏中确认机器人状态已切换为"手动限速"模式	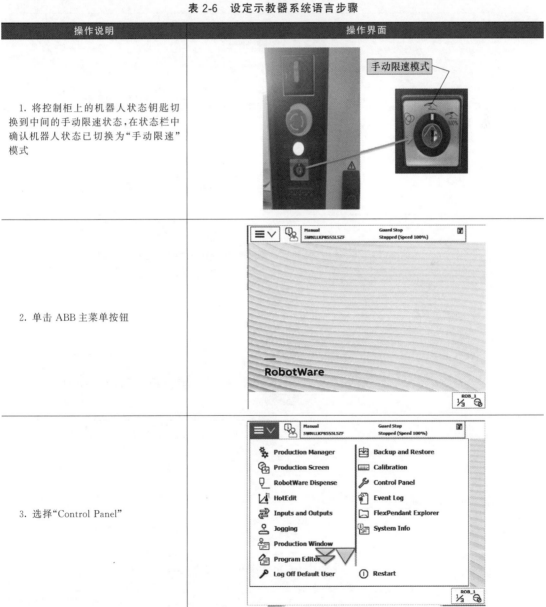
2. 单击 ABB 主菜单按钮	
3. 选择"Control Panel"	

第2章　工业机器人的操作

操作说明	操作界面
4. 选择"Language"	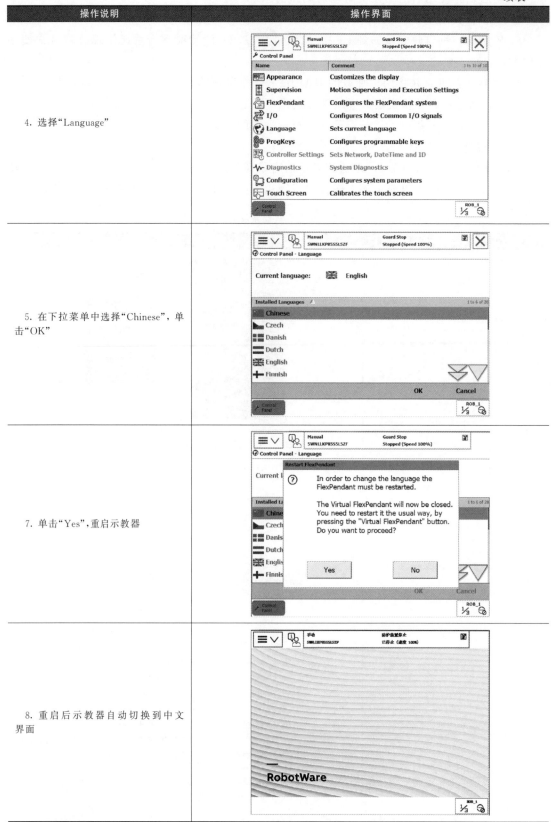
5. 在下拉菜单中选择"Chinese"，单击"OK"	
7. 单击"Yes"，重启示教器	
8. 重启后示教器自动切换到中文界面	

（4）设置系统日期与时间

设定机器人系统的时间，是为了方便进行文件的管理和故障的查阅与管理，在进行各种操作之前要将机器人系统的时间设定为本地区的时间，具体操作步骤见表 2-7。

表 2-7　机器人系统的时间设定步骤

操作说明	操作界面
1. 单击"ABB"按钮，在主菜单下选择"控制面板"	
2. 选择"日期和时间"	
3. 在此界面就能对时间和日期进行设定。时间和日期设定完成后，单击"确定"	

（5）查看机器人常用信息与事件日志

通过示教器界面上的状态栏进行 ABB 机器人常用信息的查看，状态栏常用信息介绍如图 2-13 所示，其界面说明见表 2-8。

单击窗口中上部的状态栏，就可以查看机器人的事件日志，图 2-14 所示为事件日志查看界面。

表 2-8　界面说明

标号	说　明
A	机器人的状态,包括手动、全速手动和自动三种
B	机器人的系统信息
C	机器人电动机状态,图中表示电机开启
D	机器人程序运行状态
E	当前机器人或外轴的使用状态

图 2-13　状态栏常用信息

图 2-14　事件日志查看界面

(6) 系统的备份与恢复

定期对机器人系统进行备份,是保证机器人正常工作的良好习惯。备份文件可以放在机器人内部的存储器上,也可以备份到移动设备(如 U 盘、移动硬盘等)上,建议使用 U 盘进行备份,且必须专盘专用防止病毒感染。备份文件包含运行程序和系统配置参数等内容。当机器人系统出错时,可以通过备份文件快速地恢复备份前的状态。为了防止程序丢失,在程序更改前建议做好备份。

① 系统的备份　系统备份的具体操作步骤如表 2-9 所示。

表 2-9　系统备份的操作步骤

操作说明	操作界面
1. 单击"ABB"按钮,在主菜单下单击"备份与恢复"	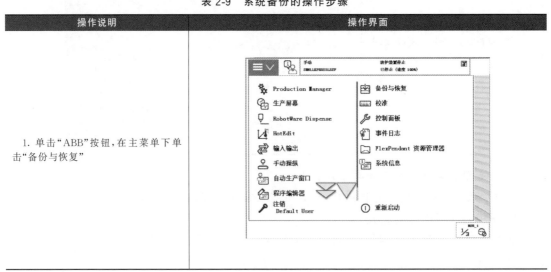

操作说明	操作界面
2. 单击"备份当前系统…"	
3. 单击"ABC…"进行存放备份数据目录的设定,单击"…"选择备份存放的位置,然后单击"备份"	
4. 等待系统备份	

② 系统的恢复　系统恢复的具体操作步骤如表 2-10 所示。

2.1.3　新建和加载程序

（1）　ABB 机器人程序存储器

机器人运行程序一般是由操作人员按照加工要求示教机器人并记录运动轨迹而形成的文件,编辑好的程序文件存储在机器人程序存储器中。机器人的程序由主程序、子程序及程序数据构成。在一个完整的应用程序中,一般只有一个主程序,而子程序可以是一个,也可以是多个。

表 2-10　系统恢复的操作步骤

操作说明	操作界面
1. 单击"ABB"按钮,在主菜单下单击"备份与恢复",单击"恢复系统"	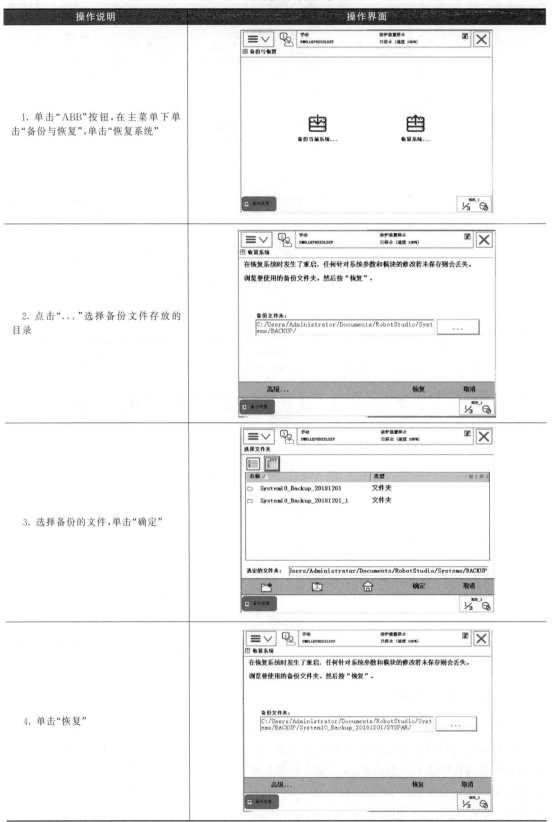
2. 点击"..."选择备份文件存放的目录	
3. 选择备份的文件,单击"确定"	
4. 单击"恢复"	

操作说明	操作界面
5. 单击"是"。需要注意的是,备份恢复数据是具有唯一性的,不能将一台机器人的备份数据恢复到另一个机器人上	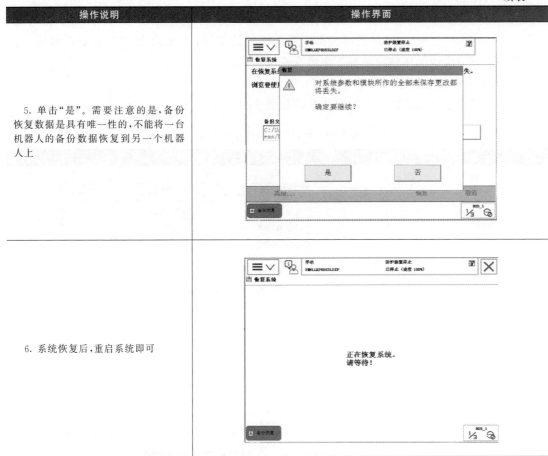
6. 系统恢复后,重启系统即可	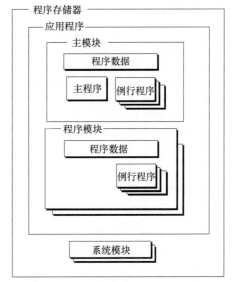

机器人的程序编辑器中存有程序模板,类似计算机办公软件的 Word 文档模板,编程时按照模板在里面添加程序指令语句即可。"示教"就是机器人学习的过程,在这个过程中,操作者要手把手教会机器人做某些动作,机器人的控制系统会以程序的形式将其记忆下来。机器人按照示教时记忆下来的程序展现这些动作,就是"再现"过程。

ABB 机器人程序存储器包含应用程序和系统模块两部分。存储器中只允许存在一个主程序,所有例行程序(子程序)与数据无论存在什么位置,全部被系统共享。因此,所有例行程序与数据除特殊规定以外,名称不能重复。ABB 工业机器人程序存储器组成如图 2-15 所示。

① 应用程序(Program)的组成 应用程序由主模块和程序模块组成。主模块(Main Module)包含主程序(Main Routine)、程序数据(Program Data)和例行程序(Routine);程序模块(Program Modules)包含程序数据(Program Data)和

图 2-15 ABB 工业机器人程序存储器组成

例行程序（Routine）。

②系统模块（System Modules）的组成 系统模块包含系统数据（System Data）和例行程序（Routine）。所有 ABB 机器人都自带两个系统模块，USER 模块和 BASE 模块。使用时对系统自动生成的任何模块都不能进行修改。

（2）新建和加载程序

在示教器中新建和加载一个程序的步骤如表 2-11 所示。

表 2-11　新建和加载程序的步骤

操作说明	操作界面
1. 在主菜单下，单击"程序编辑器"	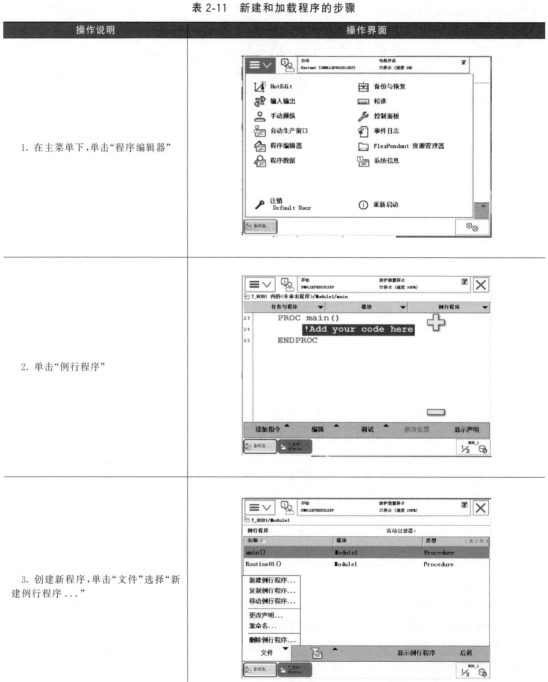
2. 单击"例行程序"	
3. 创建新程序，单击"文件"选择"新建例行程序…"	

操作说明	操作界面
4. 单击"ABC..."，然后打开软键盘对程序进行命名；点击相应选项后对话框进行程序属性设置。设置完成后单击"确定"	
5. 程序创建完成	
6. 若编辑已有程序，则在步骤3中选择"加载程序"，显示已存储程序名称，然后选择所需要加载的程序单击"确定"。为了给新程序腾出空间，可以先删除先前加载的程序	

ABB 机器人支持从外部移动设备导入程序到系统中，例如通过仿真系统建立的程序等。加载 U 盘程序的具体操作步骤如表 2-12 所示。

2.1.4 导入 EIO 文件

导入 EIO 文件步骤见表 2-13。

表 2-12　加载 U 盘程序的具体操作步骤

操作说明	操作界面
1. 打开 ABB 控制柜,将 USB 存储器插入柜内上部机箱的 USB 接口中	
2. 在 ABB 主菜单栏中单击"Flex-Pendant 资源管理器"	
3. 在弹出的画面中与台式机操作相同,把 USB 存储器中的含有程序的文件夹复制到 ABB 控制柜内部的存储器中	
4. 返回主菜单,单击"程序编辑器"	

操作说明	操作界面
5. 单击"任务与程序"	
6. 在弹出的画面中单击"文件",在子菜单中单击"加载程序"	
7. 然后单击"不保存"	
8. 在弹出的画面中找到含有新程序的文件夹,选中"＊＊.pgf"文件,单击"确定"	

操作说明	操作界面
9. 等待几秒后程序加载完成	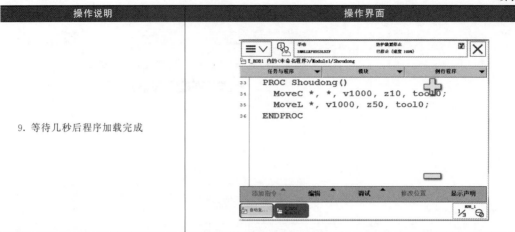

表 2-13 导入 EIO 文件步骤

步骤	操作	图示
1	单击左上角主菜单按钮	
2	选择"控制面板"	
3	选择"配置"	

步骤	操作	图示
4	打开"文件"菜单,单击"加载参数..."	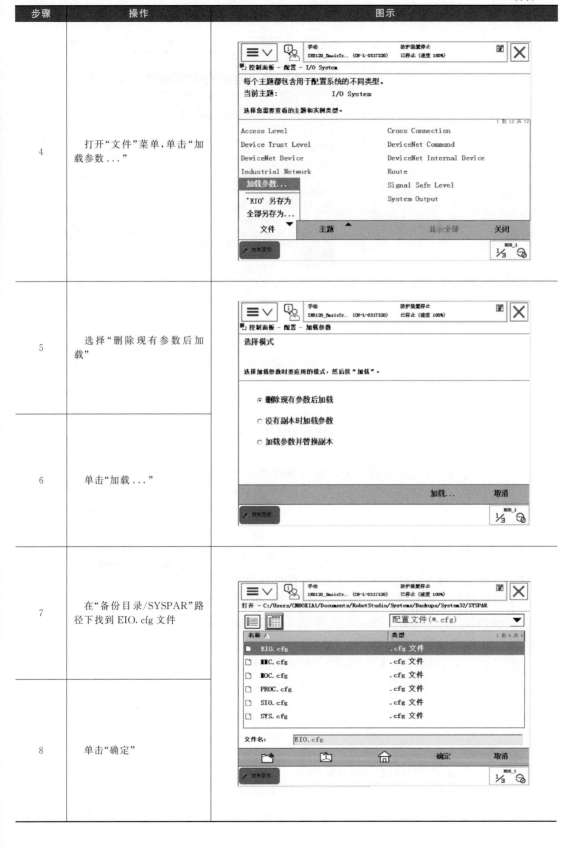
5	选择"删除现有参数后加载"	
6	单击"加载..."	
7	在"备份目录/SYSPAR"路径下找到 EIO.cfg 文件	
8	单击"确定"	

第2章 工业机器人的操作

步骤	操作	图示
9	单击"是"，重启后完成导入	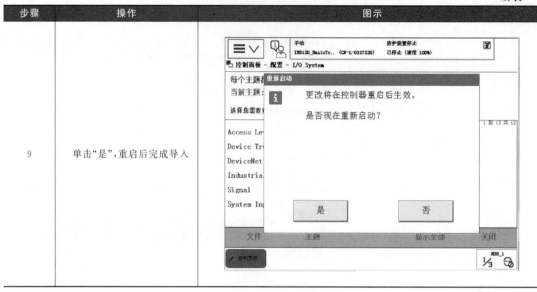

2.2 工业机器人的手动操纵方式

　　ABB 六轴工业机器人各轴示意图如图 2-16 所示。ABB 机器人是由 6 个转轴组成六杆开链机构，理论上可达到运动范围内空间任何的一个点；每轴均有 AC 伺服电机驱动，每一个电机后均有编码器；每个轴均带有一个齿轮箱，机械手运动精度可达 ±0.05mm ～ ±0.2mm；设备带有 24V DC 电源，机器人均带有平衡气缸和弹簧；均带有手动松闸按钮，用于维修时使用；串口测量板（SMB）带有 6 节可充电的镍铬电池，起保存数据作用。

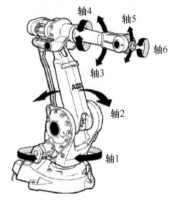

图 2-16　ABB 六轴工业机器人各轴示意图

2.2.1　手动操纵机器人

　　在手动操纵模式下，选择不同的运动轴就可以手动操纵机器人运动。示教器上的操纵杆具有 3 个自由度，因此可以控制 3 个轴的运动。当选择"轴 1-3"，在按下示教器的使能键给机器人上电后，拨动操纵杆即可操纵机器人第 1、2 和 3 轴；选择"轴 4-6"可操纵机器人第 4、5 和 6 轴。机器人动作的速度与操纵杆的偏转量成正比，偏转量越大，机器人运动速度越高，最高速度为 250mm/s。除在以下三种情况下不能操纵机器人外，无论何种窗口打开，都可以用操纵杆操纵机器人。

　　① 自动模式下；
　　② 未按下使能键（MOTORS OFF）时；
　　③ 程序正在执行时。

　　如果机器人或外轴不同步，则只能同时驱动一个单轴，且各轴的工作范围无法检测，在到达机械停止位时机器人停止运动。因此，若发生不同步的状况，需要对机器人各电机进行校正。

手动操纵机器人运动共有三种操作模式：单轴运动、线性运动和重定位运动。

（1）ABB 机器人的关节轴

关节坐标系下操纵机器人就是选择单轴运动模式操纵机器人。ABB 机器人是由 6 个伺服电动机驱动 6 个关节轴（见图 2-16），可通过示教器上的操纵杆来控制每个轴的运动方向和运动速度。具体操作步骤如表 2-14 所示。

操纵杆的操纵幅度和机器人的运动速度相关，操作幅度越小，机器人运动速度越慢，操纵幅度越大，机器人运动速度越快。为了安全起见，在手动模式下，机器人的移动速度要小于 250mm/s。操作人员应面向机器人站立，机器人的移动方向如表 2-15 所示。

表 2-14　单轴操纵机器人的步骤

操作说明	操作界面
1. 将控制柜上的机器人状态钥匙切换到中间的手动限速状态,在状态栏中确认机器人状态已切换为"手动"	
2. 在 ABB 主菜单中单击"手动操纵"	
3. 单击"动作模式"	

第2章 工业机器人的操作

操作说明	操作界面
4. 选择"轴 1-3"(或"轴 4-6"),然后单击"确定"	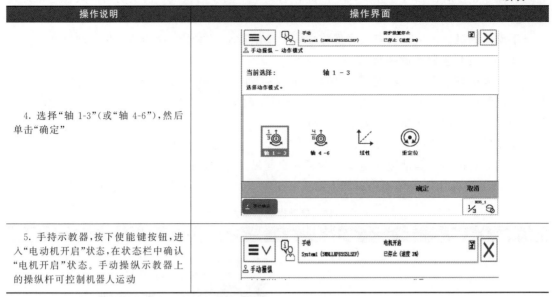
5. 手持示教器,按下使能键按钮,进入"电动机开启"状态,在状态栏中确认"电机开启"状态。手动操纵示教器上的操纵杆可控制机器人运动	

表 2-15　操纵杆的操作说明

序号	操纵杆操作方向	机器人移动方向
1	操作方向为操作者前后方向	沿 X 轴运动
2	操作方向为操作者的左右方向	沿 Y 轴运动
3	操作方向为操纵杆正反旋转方向	沿 Z 轴运动
4	操作方向为操纵杆倾斜方向	与操纵杆倾斜方向相应的倾斜移动

(2)线性模式移动机器人

笛卡儿坐标系下手动操纵机器人即选择线性运动模式操纵机器人。线性运动是指安装在机器人第六轴法兰盘上工具的 TCP 在空间作线性运动。这种运动模式的特点是不改变机器人第六轴加载工具的姿态,从一目标点直线运动至另一目标点。在手动线性运动模式下控制机器人运动的操作步骤如表 2-16 所示。

(3)重定位模式移动机器人

工具坐标系下手动操纵机器人即在重定位运动模式下操纵机器人。机器人的重定位运动是指机器人第六轴法兰盘上的 TCP 在空间中绕着坐标轴旋转的运动,也可以理解为机器人绕着 TCP 作姿态调整的运动。具体操作步骤如表 2-17 所示。

表 2-16　线性运动模式操纵机器人的步骤

操作说明	操作界面
1. 将控制柜上的机器人状态钥匙切换到中间的手动限速状态,在状态栏中确认机器人状态已切换为"手动"	

操作说明	操作界面
2. 在 ABB 主菜单中单击"手动操纵"	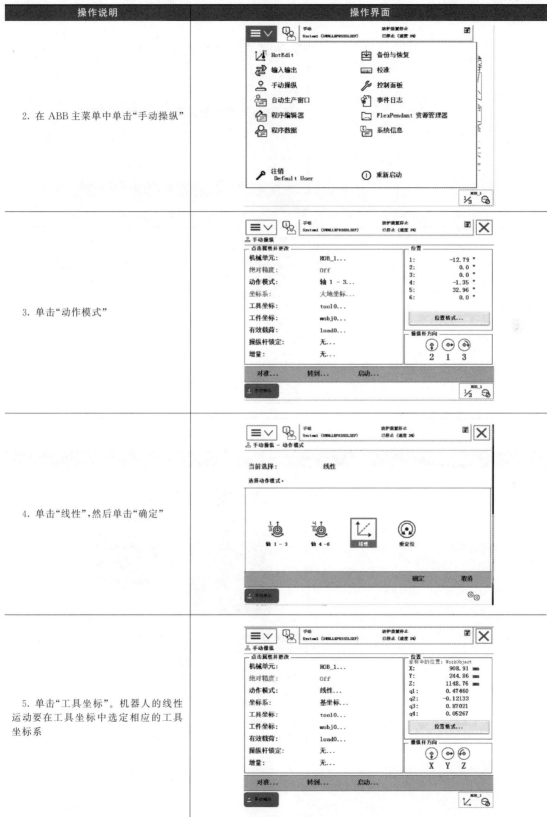
3. 单击"动作模式"	
4. 单击"线性",然后单击"确定"	
5. 单击"工具坐标"。机器人的线性运动要在工具坐标中选定相应的工具坐标系	

操作说明	操作界面
6. 在"工具名称"中选择相应的工具坐标系,单击"确定"	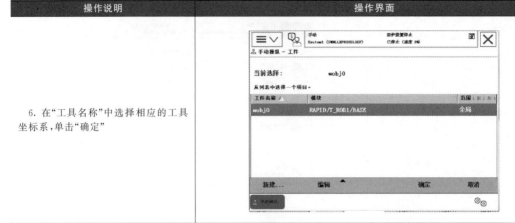
7. 手持示教器,按下使能键按钮,进入"电机开启"状态,在状态栏中确认"电机开启"状态。手动操作操纵杆可控制机器人运动。此处显示 X、Y、Z 轴的操纵杆方向,箭头代表正方向。操作示教器上的操纵杆,工具的 TCP 在空间做线性运动	

表 2-17　重定位运动模式操纵机器人的步骤

操作说明	操作界面
1. 将控制柜上的机器人状态钥匙切换到中间的手动限速状态,在状态栏中确认机器人状态已切换为"手动"	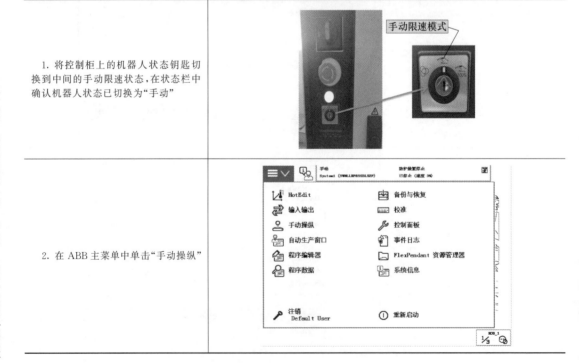
2. 在 ABB 主菜单中单击"手动操纵"	

操作说明	操作界面
3. 单击"动作模式"	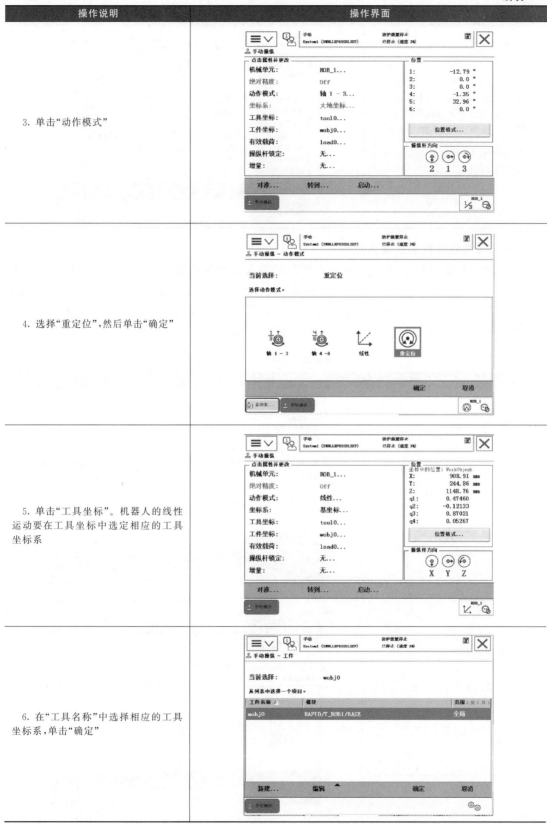
4. 选择"重定位"，然后单击"确定"	
5. 单击"工具坐标"。机器人的线性运动要在工具坐标中选定相应的工具坐标系	
6. 在"工具名称"中选择相应的工具坐标系，单击"确定"	

操作说明	操作界面
7. 手持示教器，按下使能键按钮，进入"电机开启"状态，在状态栏中确认"电机开启"状态。手动操作操纵杆可控制机器人运动。此处显示 X、Y、Z 轴的操纵杆方向，箭头代表正方向。操作示教器上的操纵杆，机器人绕着 TCP 做姿态调整运动	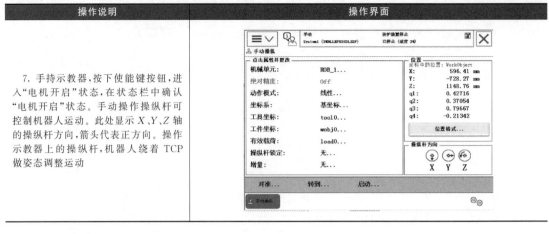

（4）增量模式控制机器人运动

如果对使用操纵杆通过位移幅度来控制机器人运动的速度不熟练，那么可以使用"增量"模式来控制机器人的运动。在增量模式下，操纵杆每位移一次机器人就移动一步。如果操纵杆持续 1s 或数秒后，机器人就会持续移动，移动速率为 10 步/s。

增量模式控制机器人运动的操作步骤如表 2-18 所示。

表 2-18　增量模式控制机器人运动的操作步骤

操作说明	操作界面
1. "手动操纵"界面中，选中"增量"	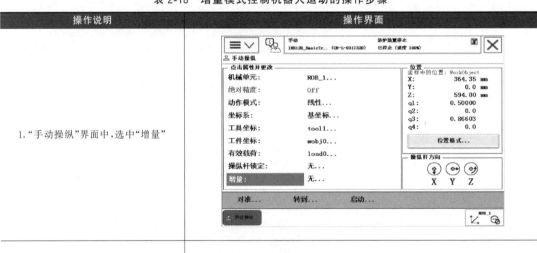
2. 根据需要选择增量的移动距离，然后单击"确定" 详见下表	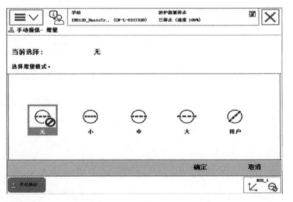

2. 根据需要选择增量的移动距离，然后单击"确定"

增量	移动距离 /mm	角度 /(°)
小	0.05	0.005
中	1	0.02
大	5	0.2
用户	自定义	自定义

2.2.2 手动操纵的快捷方式

（1）手动操纵的快捷按钮

在示教器面板上设置有手动操纵的快捷键，具体布局及功能如图 2-17 所示。

（2）手动操纵的快捷菜单

快捷菜单提供较操作窗口更加快捷的操作按键，可用于选择机器人的运动模式、坐标系等，是"手动操纵"的快捷操作界面，每项菜单使用一个图标显示当前的运行模式或设定值。快捷菜单如图 2-17 所示，各选项含义见表 2-4。具体操作步骤及界面说明如表 2-19 所示。

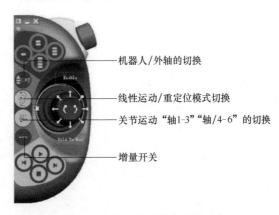

机器人/外轴的切换

线性运动/重定位模式切换

关节运动"轴1-3""轴/4-6"的切换

增量开关

图 2-17　快捷键具体布局及功能

表 2-19　快捷键操作步骤及界面说明

操作说明	操作界面
1. 单击快捷菜单按钮	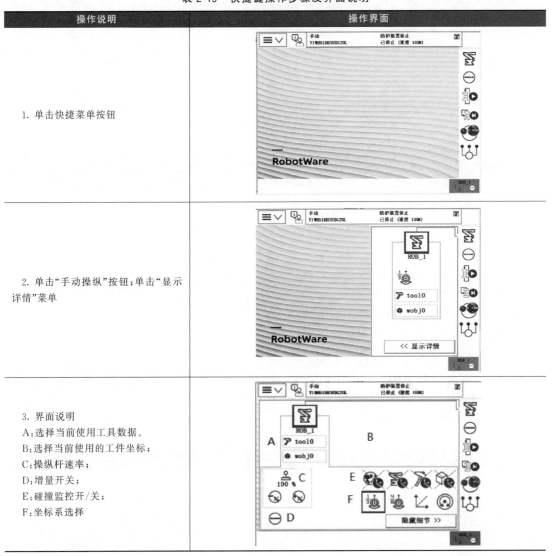
2. 单击"手动操纵"按钮；单击"显示详情"菜单	
3. 界面说明 A:选择当前使用工具数据。 B:选择当前使用的工件坐标； C:操纵杆速率； D:增量开关； E:碰撞监控开/关； F:坐标系选择	

第2章　工业机器人的操作

操作说明	操作界面
4. 单击"增量模式"按钮,选择需要的增量	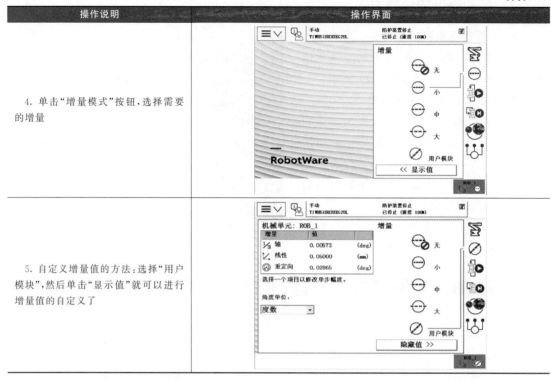
5. 自定义增量值的方法:选择"用户模块",然后单击"显示值"就可以进行增量值的自定义了	

2.3 程序数据的设置

程序数据是在程序模块或系统模块中设定的值和定义的一些环境数据。在机器人的编程中,为了简化指令语句,需要在语句中调用相关程序数据。这些程序数据都是按照不同功能分类并编辑好后存储在系统内的,因此要根据实际需要提前创建好不同类型的程序数据以备调用。创建的程序数据通过同一个模块或其他模块中的指令进行引用。例如图 2-18 所示是一条常用的机器人直线运动的指令 MoveL,调用了四个程序数据。指令中的指令说明见表 2-20。

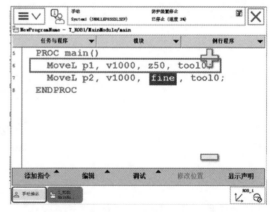

图 2-18　程序指令

表 2-20　指令说明

程序数据	数据类型	说明
p1	robtarget	机器人运动目标位置数据
v1000	speeddata	机器人运动速度数据
z50	zonedata	机器人运动转角区域数据
tool0	tooldata	机器人工具数据

2.3.1 程序数据的类型

ABB 机器人的程序数据共有 100 个左右，程序数据可以根据实际情况进行创建，为 ABB 机器人的程序设计提供了良好的数据支持。

数据类型可以利用示教器主菜单中的"程序数据"窗口进行查看，也可以在该目录下创建所需要的程序数据，程序数据界面如图 2-19 所示。

按照存储类型，程序数据主要包括变量 VAR、可变量 PERS、常量 CONST 三种类型。

（1）变量 VAR

变量型数据在程序执行的过程中和停止时，会保持当前的值。但如果程序指针被移到主程序后，当前数值会丢失。以图 2-20 所示变量型数据为例：其中 VAR 表示存储类型为变量，num 表示程序数据类型。在定义数据时，可以定义变量数据的初始值，如 length 的初始值为 0，name 的初始值为 Rose，flag 的初始值为 FALSE。在程序中执行变量型数据的赋值，在指针复位后将恢复为初始值。

图 2-19　程序数据界面

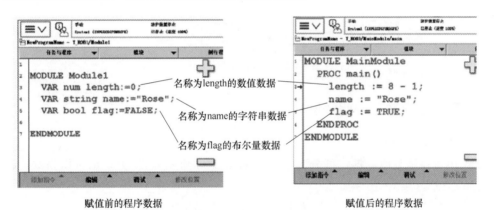

图 2-20　程序数据赋值前后对比

（2）可变量 PERS

可变量最大的特点是，无论程序的指针如何，都会保持最后赋予的值。可变量程序数据的赋值如图 2-21 所示。

在机器人执行的 RAPID 程序中也可以对可变量存储类型的程序数据进行赋值的操作，PERS 表示存储类型为可变量。特别注意的是在程序执行完成以后，赋值的结果会一直保持不变，直到对其进行重新赋值。

（3）常量 CONST

常量的特点是在定义时已赋予了数值，不允许在程序编辑中进行修改，需要修改时需要手动修改。常量程序数据的赋值如图 2-22 所示。

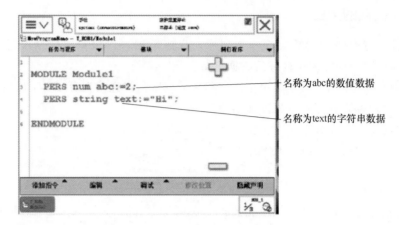

图 2-21 可变量程序数据的赋值

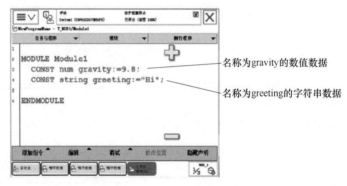

图 2-22 常量程序数据的赋值

2.3.2 常用程序数据说明举例

（1）数值数据 num

num 用于存储数值数据，可分为整数（如图 2-23 所示）、小数，也可以指数的形式写入：例如，2E3（$=2*10^3=2000$），$2.5E-2$（$=0.025$）。

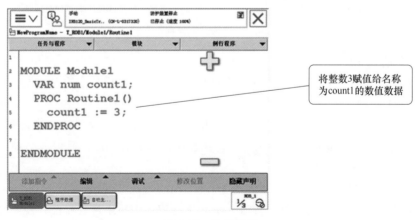

图 2-23 数值数据

（2）布尔量数据 bool

bool 用于存储逻辑值（真/假）数据，即 bool 型数据值可以为 TRUE 或 FALSE，如图 2-24 所示。

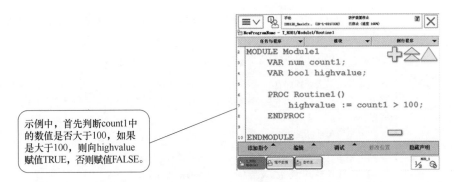

示例中，首先判断count1中的数值是否大于100，如果是大于100，则向highvalue赋值TRUE，否则赋值FALSE。

图 2-24　逻辑值数据

（3）字符串数据 string

string 用于存储字符串数据。字符串是由一串前后附有引号（""）的字符（最多 80 个）组成，例如，"This is a character string"。如果字符串中包括反斜线（\），则必须写两个反斜线符号，例如，"This string contains a \\ character"，如图 2-25 所示。

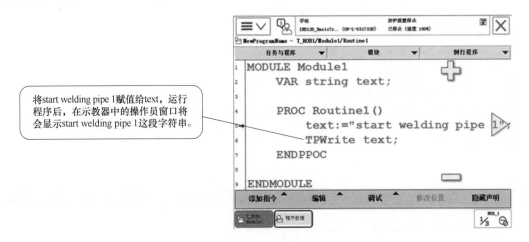

将start welding pipe 1赋值给text，运行程序后，在示教器中的操作员窗口将会显示start welding pipe 1这段字符串。

图 2-25　字符串数据

（4）位置数据 robtarget

robtarget（robot target）用于存储机器人和附加轴的位置数据。位置数据的内容是在运动指令中机器人和外轴将要移动到的位置。robtarget 由 4 个部分组成，如表 2-21 所示。

表 2-21　位置数据 robtarget

组件	说明
trans	1. translation 2. 数据类型：pos 3. 工具中心点的所在位置(X、Y 和 Z)，单位为 mm 4. 存储当前工具中心点在当前工件坐标系的位置。如果未指定任何工件坐标系，则当前工件坐标系为大地坐标系

组件	说明
rot	1. rotation 2. 数据类型：orient 3. 工具姿态，以四元数的形式表示(q1、q2、q3 和 q4) 4. 存储相对于当前工件坐标系方向的工具姿态。如果未指定任何工件坐标系，则当前工件坐标系为大地坐标系
robconf	1. robot configuration 2. 数据类型：confdata 3. 工业机器人的轴配置(cf1、cf4、cf6 和 cfx)。以轴1、轴4和轴6当前四分之一旋转的形式进行定义。将第一个正四分之一旋转 0°~90° 定义为 0°，组件 cfx 的含义取决于工业机器人的类型
extax	1. external axes 2. 数据类型：extjoint 3. 附加轴的位置 4. 对于旋转轴，其位置定义为从校准位置起旋转的度数 5. 对于线性轴，其位置定义为与校准位置的距离(mm)

位置数据 robtarget 示例如下：

CONST robtarget p15：＝[[600,500,225.3],[1,0,0,0],[1,1,0,0],[11,12.3,9E9,9E9,9E9,9E9]]；

位置 D15 定义如下：

① 工业机器人在工件坐标系中的位置：$X=600$、$Y=500$、$Z=225.3$mm。

② 工具的姿态与工件坐标系的方向一致。

③ 工业机器人的轴配置：轴1和轴4位于 $90°\sim180°$，轴6位于 $0°\sim90°$。

④ 附加逻辑轴 a 和轴 b 的位置以 (°) 或 mm 表示 (根据轴的类型)。

⑤ 未定义轴 c 到轴 f。

（5）关节位置数据 jointtarget

jointtarget 用于存储工业机器人和外轴的每个单独轴的角度位置。通过 MoveAbsJ 可以使工业机器人和外轴运动到 jointtarget 关节位置处。jointtarget 由两个部分组成，见表2-22。

表 2-22 关节位置数据 jointtarget

组件	说明
robax	1. robot axes 2. 数据类型：robjoint 3. 工业机器人轴的轴位置，单位(°) 4. 将轴位置定义为各轴(臂)从轴校准位置沿正方向或反方向旋转的度数
extax	1. external axes 2. 数据类型：extjoint 3. 外轴的位置 4. 对于旋转轴，其位置定义为从校准位置起旋转的度数 5. 对于线性轴，其位置定义为与校准位置的距离(mm)

关节位置数据 jointtarget 示例如下：

CONST jointtarget calib_pos：=[[0,0,0,0,0,0],[0,9E9,9E9,9E9,,9E9,9E9]]；

通过数据类型 jointtarget 在 calib_pos 存储了工业机器人的机械原点位置，同时定义外轴 a 的原点位置 0 [(°) 或 mm]，未定义外轴 b 到轴 f。

（6）速度数据 speeddata

speeddata 用于存储工业机器人和附加轴运动时的速度数据。速度数据定义了工具中心点移动时的速度、工具的重定位速度、线性或旋转外轴移动时的速度。speeddata 由 4 个部分组成，见表 2-23。

表 2-23　速度数据 speeddata

组件	说明
v_tcp	1. velocity tcp 2. 数据类型：num 3. 工具中心点（TCP）的速度，单位 mm/s 4. 如果使用固定工具或协同的外轴，则是相对于工件的速率
v_ori	1. external axes 2. 数据类型：num 3. TCP 的重定位速度，单位（°）/s 4. 如果使用固定工具或协同的外轴，则是相对于工件的速率
v_leax	1. velocity linear external axes 2. 数据类型：num 3. 线性外轴的速度，单位 mm/s
v_leax	1. velocity rotational external axes 2. 数据类型：num 3. 旋转外轴的速率，单位（°）/s

速度数据 speeddata 示例如下：

VAR speeddata vmedium：＝[1000，30，200，15]；

使用以下速度，定义了速度数据 vmedium：

① TCP 速度为 1000mm/s。

② 工具的重定位速度为 30°/s。

③ 线性外轴的速度为 200mm/s。

④ 旋转外轴速度为 15°/s。

（7）转角区域数据 zonedata

zonedata 用于规定如何结束一个位置，也就是在朝下一个位置移动之前，工业机器人必须如何接近编程位置。

可以以停止点或飞越点的形式来终止一个位置。停止点意味着工业机器人和外轴必须在使用下一个指令来继续程序执行之前到达指定位置（静止不动）。飞越点意味着从未达到编程位置，而是在到达该位置之前改变运动方向。zonedata 由 7 个部分组成，见表 2-24。

表 2-24　转角区域数据 zonedata

组件	说明
finep	1. fine　point 2. 数据类型：bool 3. 规定运动是否以停止点（fine 点）或飞越点结束 （1）TRUE：运动随停止点而结束，且程序执行将不再继续，直至工业机器人达到停止点。未使用区域数据中的其他组件数据 （2）FALSE：运动随飞越点而结束，且程序执行在工业机器人到达区域之前继续进行大约 100ms
pzone_tcp	1. path zone TCP 2. 数据类型：num 3. TCP 区域的尺寸（半径），单位 mm 4. 根据组件 pzone_ori、pzone_eax、zonc_ori、zone_leax、zone_reax 和编程运动，将扩展区域定义为区域的最小相对尺寸

组件	说明
pzone_ori	1. path zone orientation 2. 数据类型：num 3. 有关工具重新定位的区域半径。将半径定义为 TCP 距编程点的距离,单位 mm 4. 数值必须大于 pzone_tcp 的对应值。如果低于,则数值自动增加,以使其与 pzone_tcp 相同
pzone_eax	1. path zone external axes 2. 数据类型：num 3. 有关外轴的区域半径。将半径定义为 TCP 距编程点的距离,以 mm 计 4. 数值必须大于 pzone_tcp 的对应值。如果低于,则数值自动增加,以使其与 pzone_tcp 相同
zone_ori	1. zone orientation 2. 数据类型：num 3. 工具重定位的区域半径大小,单位(°) 4. 如果工业机器人正夹持着工件,则是指工件的旋转角度
zone_leax	1. zone linear external axes 2. 数据类型：num 3. 线性外轴的区域半径大小,单位 mm
zone_reax	1. zone rotational external axes 2. 数据类型：num 3. 旋转外轴的区域半径大小,单位(°)

转角区域数据 zonedata 示例如下：

VAR zonedata path：＝[FALSE，25，40，40，10，35，5]；

通过以下数据,定义转角区域数据 path：

① TCP 路径的区域半径为 25mm。

② 工具重定位的区域半径为 40mm（TCP 运动）。

③ 外轴的区域半径为 40mm（TCP 运动）。

如果 TCP 静止不动,或存在大幅度重新定位,或存在有关该区域的外轴大幅度运动,则应用以下规定：

① 工具重定位的区域半径为 10°。

② 线性外轴的区域半径为 35mm。

③ 旋转外轴的区域半径为 5°。

（8）常用的程序数据

根据不同的数据用途,可定义不同类型的程序数据。系统中还有针对一些特殊功能的程序数据,在对应的功能说明书中会有相应的详细介绍,详情可查看随机光盘电子版说明书,也可根据需要新建程序数据类型。常用的程序数据如表 2-25 所示。

表 2-25　常用的程序数据

程序数据	说明	程序数据	说明
bool	布尔量数据	byte	整数数据 0～255
num	数值数据	pose	坐标转换
clock	计时数据	robjoint	机器人轴角度数据
dionum	数字输入/输出信号	robtarget	机器人与外轴的位置数据
intnum	中断标志符	speeddata	机器人与外轴的速度数据
extjoint	外轴位置数据	string	字符串数据
jointtarget	关节位置数据	tooldata	工具数据
orient	姿态数据	trapdata	中断数据
mecunit	机械装置数据	wobjdata	工件数据
pos	位置数据(只有 X、Y 和 Z)	zonedata	转角区域数据
loaddata	负荷数据		

2.3.3 程序数据的建立

在ABB机器人系统中可以通过直接在示教器中的程序数据画面中建立程序数据，也可以在建立程序指令时，同时自动生成对应的程序数据。

（1）建立bool类型程序数据

建立bool数据的操作步骤如表2-26所示。设定程序数据中的参数及说明见表2-27。

表2-26　建立bool数据的操作步骤

操作说明	操作界面
1. 在ABB主菜单栏中单击"程序数据"	
2. 选择数据类型"bool"，单击"显示数据"	
3. 单击"新建..."	

第2章　工业机器人的操作

操作说明	操作界面
4. 进行名称的设定，单击下拉菜单选择对应的参数，设定完成后单击"确定"完成设定。数据参数及具体说明见表 2-27	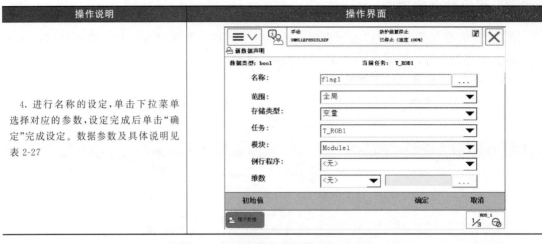

表 2-27　设定程序数据中的参数及说明

设定参数	参数说明	设定参数	参数说明
名称	设定数据的名称	模块	设定数据所在的模块
范围	设定数据可使用的范围	例行程序	设定数据所在的例行程序
存储类型	设定数据的可存储类型	维数	设定数据的维数
任务	设定数据所在的任务	初始值	设定数据的初始值

（2）建立 num 类型程序数据

建立 num 类型程序数据的操作步骤见表 2-28。

表 2-28　建立 num 类型程序数据的操作步骤

步骤	说明	图示
1	单击左上角主菜单按钮	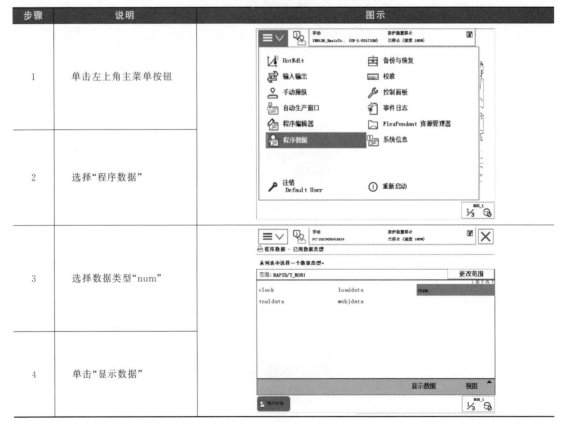
2	选择"程序数据"	
3	选择数据类型"num"	
4	单击"显示数据"	

步骤	说明	图示
5	单击"新建…"	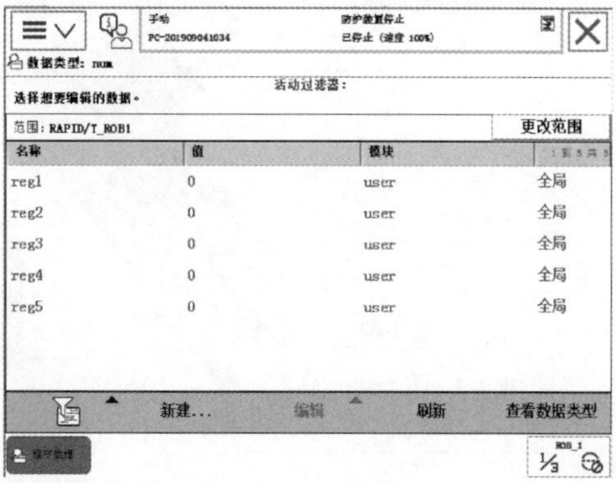
6	单击"…"进行名称的设定	
7	单击下拉菜单选择对应的参数	
8	单击"确定"完成设定	

2.4 工业机器人坐标系

工业机器人在生产中，一般需要配备除了自身性能特点要求作业外的外围设备，如转动工件的回转台，移动工件的移动台等。这些外围设备的运动和位置控制都需要与工业机器人相配合并要求相应的精度。通常机器人运动轴按其功能可划分为机器人轴、基座轴和工装轴，基座轴和工装轴统称外轴，如图 2-26 所示。

工业机器人轴是指操作本体的轴，属于机器人本身，目前商用的工业机器人大多以八轴为主。基座轴是使机器人移动轴的总称，主要指行走轴（滑移平台或导轨），工装轴是除机器人轴、基座轴以外轴的总称，指使工件、工装夹具翻转和回转的轴，如回转台、翻转台等。实际生产中常用的是六关节工业机器人，所谓六轴关节型机器人操作机有 6 个可活动的关节（轴）。表 2-27 与图 2-28 所示为典型机器人各运动轴的定义和 YASKAWA 工业机器人本体运动轴，不同的工业机器人本体运动轴的定义是不同的，KUKA 机器人 6 轴分别定义为 A1、A2、A3、A4、A5 和 A6；ABB 工业机器人则定义为轴 1、轴 2、轴 3、轴 4、轴 5和轴 6。其中 A1、A2 和 A3（轴 1、轴 2 和轴 3）称为基本轴或主轴，用于保证末端执行器达到工作空间的任意位置；A4、A5 和 A6 轴（轴 4、轴 5 和轴 6）称为腕部轴或次轴，用于实现末端执行器的任意空间姿态。图 2-28 是 YASKAWA 工业机器人各运动轴的关系。

第 2 章 工业机器人的操作

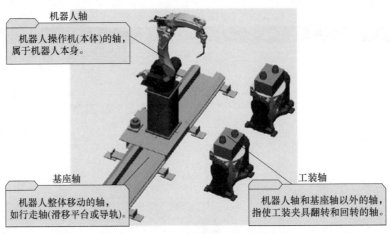

机器人轴
机器人操作机(本体)的轴，属于机器人本身。

基座轴
机器人整体移动的轴，如行走轴(滑移平台或导轨)。

工装轴
机器人轴和基座轴以外的轴，指使工装夹具翻转和回转的轴。

图 2-26　机器人系统中各运动轴

表 2-29　常见工业机器人本体运动轴的定义

轴类型	轴名称				动作说明
	ABB	FANUC	YASKAWA	KUKA	
主轴(基本轴)	轴 1	J1	S 轴	A1	本体回旋
	轴 2	J2	L 轴	A2	大臂运动
	轴 3	J3	U 轴	A3	小臂运动
次轴(腕部运动)	轴 4	J4	R 轴	A4	手腕旋转运动
	轴 5	J5	B 轴	A5	手腕上下摆运动
	轴 6	J6	T 轴	A6	手腕圆周运动

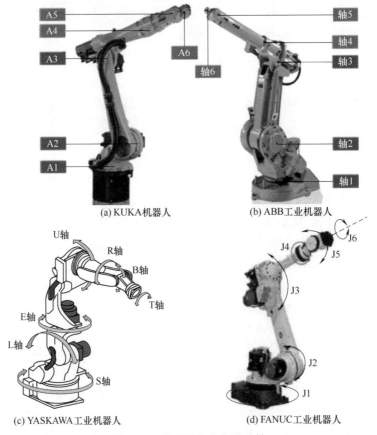

(a) KUKA机器人　　　(b) ABB工业机器人

(c) YASKAWA工业机器人　　　(d) FANUC工业机器人

图 2-27　典型机器人各运动轴

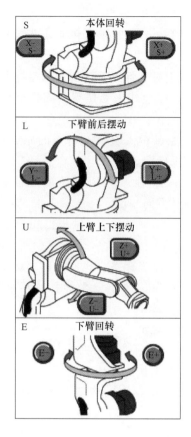

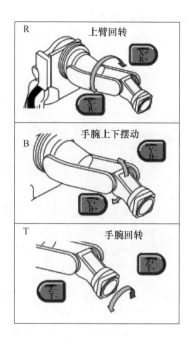

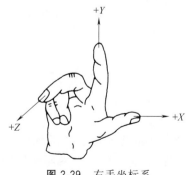

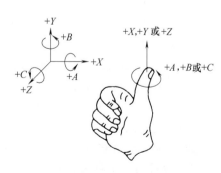

图 2-28　YASKAWA 工业机器人各运动轴的关系

2.4.1　工业机器人坐标系的确定

（1）机器人坐标系的确定原则

机器人程序中所有点的位置都是和一个坐标系相联系的，同时，这个坐标系也可能和另外一个坐标系有联系。

机器人的各种坐标系都由正交的右手定则来决定，如图 2-29 所示。当围绕平行于 X、Y、Z 轴线的各轴旋转时，分别定义为 A、B、C。A、B、C 的正方向分别以 X、Y、Z 的正方向上右手螺旋前进的方向为正方向（如图 2-30 所示）。

图 2-29　右手坐标系

图 2-30　旋转坐标系

（2）常用坐标系的确定

常用的坐标系是绝对坐标系、机座坐标系、机械接口坐标系和工具坐标系，如图2-31所示。

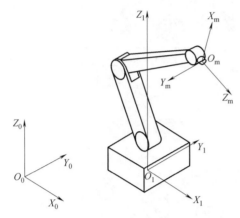

图2-31　坐标系示例

① 绝对坐标系　绝对坐标系是与机器人的运动无关，以地球为参照系的固定坐标系。其符号为：O_0—X_0—Y_0—Z_0。

a. 原点O_0。绝对坐标系的原点O_0由用户根据需要来确定。

b. $+Z_0$轴。$+Z_0$轴与重力加速度的矢量共线，但其方向相反。

c. $+X_0$轴。$+X_0$轴根据用户的使用要求来确定。

② 机座坐标系　机座坐标系是以机器人机座安装平面为参照系的坐标系。其符号为：O_1—X_1—Y_1—Z_1。

a. 原点O_1。机座坐标系的原点由机器人制造厂规定。

b. $+Z_1$轴。$+Z_1$轴垂直于机器人机座安装面，指向机器人机体。

c. X_1轴。X_1轴的方向是由原点、指向机器人工作空间中心点C_w（见 GB/T12644—2001）在机座安装面上的投影（见图2-32）。当由于机器人的构造不能实现此约定时，X_1轴的方向可由制造厂规定。

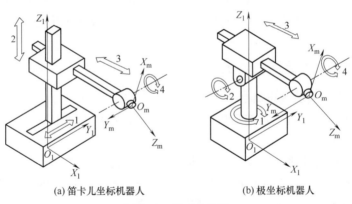

(a) 笛卡儿坐标机器人　　　(b) 极坐标机器人

图2-32　机座坐标系

③ 机械接口坐标系　如图2-33所示，机械接口坐标系是以机械接口为参照系的坐标系。其符号为：O_m—X_m—Y_m—Z_m。

a. 原点O_m。机械接口坐标系的原点O_m是机械接口的中心。

b. $+Z_m$轴。$+Z_m$轴的方向垂直于机械接口中心，并由此指向末端执行器。

c. $+X_m$轴。$+X_m$轴是由机械接口平面和X_1、Z_1平面（或平行于X_1、Z_1的平面）的交线来定义的。同时机器人的主、副关节轴处于运动范围的中间位置。当机器人的构造不能实现此约定时，应由制造厂规定主关节轴的位置。$+X_m$轴的指向是远离Z_1轴。

④ 工具坐标系　工具坐标系是以安装在机械接口上的末端执行器为参照系的坐标系。

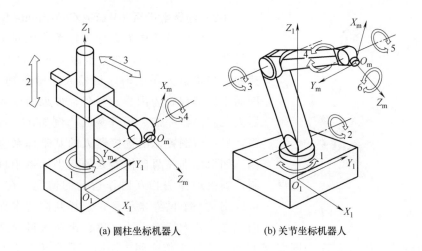

(a) 圆柱坐标机器人　　　　(b) 关节坐标机器人

(c) SCARA机器人

图 2-33　机械接口坐标系

其符号为：O_t—X_t—Y_t—Z_t。

　　a. 原点 O_t。原点 O_t 是工具中心点（TCP），见图 2-34。

　　b. $+Z_t$ 轴。$+Z_t$ 轴与工具有关，通常是工具的指向。

　　c. $+Y_t$ 轴。在平板式夹爪型夹持器夹持时，$+Y_t$ 是在手指运动平面的方向。

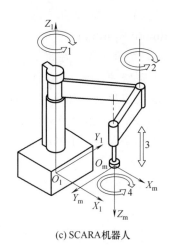

图 2-34　工具坐标系 1

2.4.2　工业机器人常用坐标系

　　机器人系统常用的坐标系有如下几种。

（1）基坐标系（Base Coordinate System）

　　基坐标系，又称为机座坐标系位于机器人基座。如图 2-32 与图 2-35 所示，它是最便于机器人从一个位置移动到另一个位置的坐标系。基坐标系在机器人基座中有相应的零点，这使固定安装的机器人的移动具有可预测性。因此它对于将机器人从一个位置移动到另一个位置很有帮助。在正常配置的机器人系统中，当人站在机器人的前方并在基坐标系中微动控制，将控制杆拉向自己一方时，机器人将沿 X 轴移动；向两侧移动控制杆时，机器人将沿 Y 轴移动。扭动控制杆时，机器人将沿 Z 轴移动。

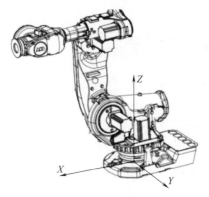

图 2-35　机器人的基坐标系

（2）世界坐标系（World Coordinate System）

世界坐标系又称为大地坐标系或绝对坐标系。如果机器人安装在地面，在基坐标系下示教编程很容易。然而，当机器人吊装时，机器人末端移动直观性差，因而示教编程较为困难。另外，如果两台或更多台机器人共同协作完成一项任务时，例如，一台安装于地面，另一台倒置，倒置机器人的基坐标系也将上下颠倒。如果分别在两台机器人的基坐标系中进行运动控制，则很难预测相互协作运动的情况。在此情况下，可以定义一个世界坐标系，选择共同的世界坐标系取而代之。若无特殊说明，单台机器人世界坐标系和基坐标系是重合的。如图 2-31 与图 2-36 所示，当在工作空间内同时有几台机器人时，使用公共的世界坐标系进行编程有利于机器人程序间的交互。

（3）用户坐标系（User Coordinate System）

机器人可以和不同的工作台或夹具配合工作，在每个工作台上建立一个用户坐标系。机器人大部分采用示教编程的方式，步骤繁琐，对于相同的工件，如果放置在不同的工作台上，在一个工作台上完成工件加工示教编程后，如果用户的工作台发生变化，不必重新编程，只需相应地变换到当前的用户坐标系下。用户坐标系是在基坐标系或者世界坐标系下建立的。如图 2-37 所示，用两个用户坐标系来表示不同的工作平台。

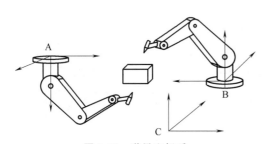

图 2-36　世界坐标系

A—基坐标系；B—基坐标系；C—世界坐标系

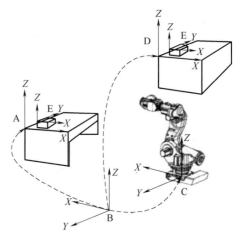

图 2-37　用户坐标系

A—用户坐标系；B—大地坐标系；C—基坐标系；D—移动用户坐标系；E—工件坐标系

（4）工件坐标系（Object Coordinate System）

工件坐标系与工件相关，通常是最适于对机器人进行编程的坐标系。

工件坐标系对应工件：它定义工件相对于大地坐标系（或其他坐标系）的位置，如图 2-38 所示。

工件坐标系是拥有特定附加属性的坐标系。它主要用于简化编程，工件坐标系拥有两个框架：用户框架（与大地基座相关）和工件框架（与用户框架相关）。机器人可以拥有若干工件坐标系，或者表示不同工件，或者表示同一工件在不同位置的若干副本。对机器人进行编程时就是在工件坐标系中创建目标和路径。这带来很多优点：重新定位工作站中的工件时，只需更改工件坐标系的位置，所有路径将即刻随之更新。允许操作以外轴或传送导轨移动的工件，因为整个工件可连同其路径一起移动。

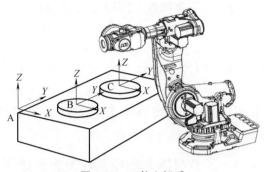

图 2-38　工件坐标系

A—大地坐标系；B—工件坐标系 1；C—工件坐标系 2

（5）置换坐标系（Displacement Coordinate System）

置换坐标系又称为位移坐标系，有时需要对同一个工件、同一段轨迹在不同的工位上加工，为了避免每次重新编程，可以定义一个置换坐标系。置换坐标系是基于工件坐标系定义的。如图 2-39 所示，当置换坐标系被激活后，程序中的所有点都将被置换。

（6）腕坐标系（Wrist Coordinate System）

腕坐标系和工具坐标系都是用来定义工具的方向的。在简单的应用中，腕坐标系可以定义为工具坐标系，腕坐标系和工具坐标系重合。腕坐标系的 Z 轴和机器人的第 6 根轴重合，如图 2-40 所示，坐标系的原点位于末端法兰盘的中心，X 轴的方向与法兰盘上标识孔的方向相同或相反，Z 轴垂直向外，Y 轴符合右手定则。

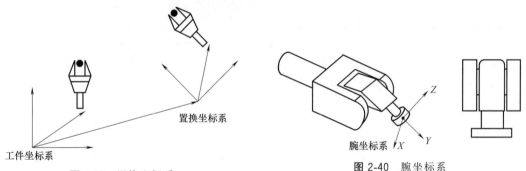

图 2-39　置换坐标系

图 2-40　腕坐标系

（7）工具坐标系（Tool Coordinate System）

安装在末端法兰上的工具需要在其中心点（TCP）定义一个工具坐标系，通过坐标系的转换，可以操作机器人在工具坐标系下运动，以方便操作。如果工具磨损或更换，只需重新定义工具坐标系，而不用更改程序。工具坐标系建立在腕坐标系下，即两者之间的相对位置和姿态是确定的。图 2-34 与图 2-41 表示不同工具的工具坐标系的定义。

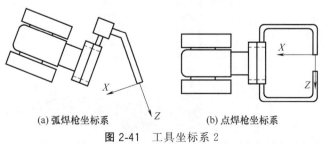

(a) 弧焊枪坐标系　　　　　(b) 点焊枪坐标系

图 2-41　工具坐标系 2

（8）关节坐标系（Joint Coordinate System）

关节坐标系用来描述机器人每个独立关节的运动，如图 2-42 所示。所有关节类型可能不同（如移动关节、转动关节等）。假设将机器人末端移动到期望的位置，如果在关节坐标系下操作，可以依次驱动各关节运动，从而引导机器人末端到达指定的位置。

2.4.3 工业机器人坐标系的设置及选择

在手动模式下操控机器人时，可以通过示教器来选择相应的坐标系，具体操作步骤如表 2-30 所示。

图 2-42 关节坐标系

表 2-30 坐标系选取的步骤

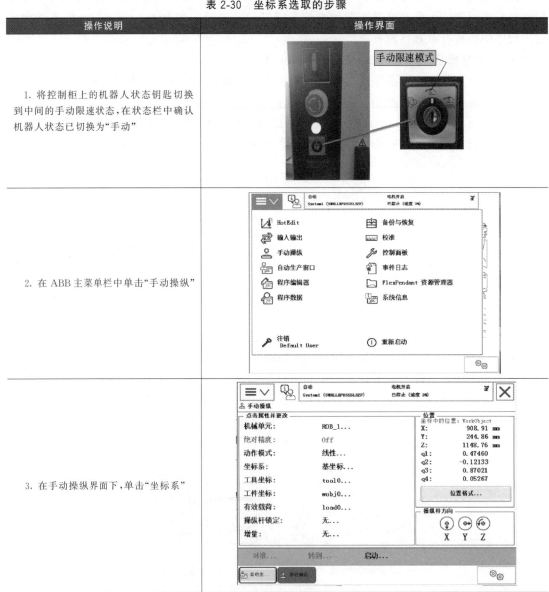

操作说明	操作界面
1. 将控制柜上的机器人状态钥匙切换到中间的手动限速状态，在状态栏中确认机器人状态已切换为"手动"	手动限速模式
2. 在 ABB 主菜单栏中单击"手动操纵"	HotEdit　备份与恢复　输入输出　校准　手动操纵　控制面板　自动生产窗口　事件日志　程序编辑器　FlexPendant 资源管理器　程序数据　系统信息　注销 Default User　重新启动
3. 在手动操纵界面下，单击"坐标系"	手动操纵　点击属性并更改　机械单元：ROB_1…　绝对精度：Off　动作模式：线性…　坐标系：基坐标…　工具坐标：tool0…　工件坐标：wobj0…　有效载荷：load0…　操纵杆锁定：无…　增量：无…　位置 坐标中的位置：WorkObject　X: 908.91 mm　Y: 244.86 mm　Z: 1148.76 mm　q1: 0.47460　q2: -0.12133　q3: 0.87021　q4: 0.05072

操作说明	操作界面
4. 单击需要设定的坐标系,单击"确定"	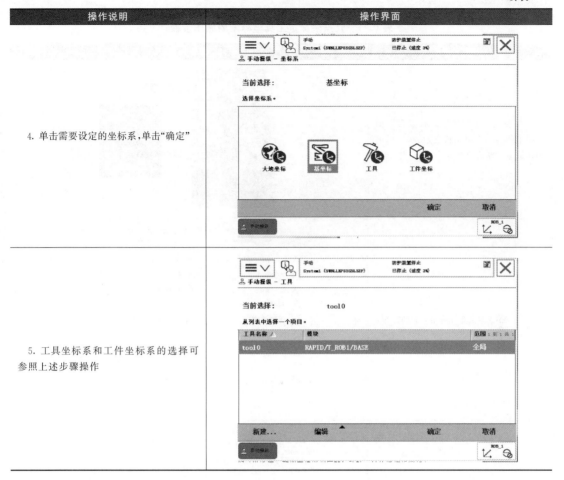
5. 工具坐标系和工件坐标系的选择可参照上述步骤操作	

2.4.4 工具数据 tooldata 的设定

工具坐标系的工具数据 tooldata 是用于描述安装在机器人第 6 轴上的工具重量、重心、TCP 等参数数据。所有机器人在手腕处都有一个预定义工具坐标系（tool0），默认工具（tool0）的工具中心点位于机器人安装末端执行器法兰盘的中心，与机器人基座方向一致。创建新工具时，tooldata 工具类型变量将随之创建。该变量名称将成为工具的名称。新工具具有质量、框架、方向等初始默认值，这些值在工具使用前必须进行定义。

标定工具坐标系，需要标定特殊空间点，空间点的个数从 3 个直到 9 个，标定的点数越多，TCP 的设定越准确，相应的操作难度越大。标定工具坐标系时，首先在机器人工作范围内找一个精确的固定点作参考点；然后在工具上确定一个参考点即 TCP（最好是工具中心点），例如在焊接机器人中，常定义焊丝端头为焊枪工具的 TCP；用手动操纵机器人的方法，移动工具上的 TCP 通过 N 种不同姿态同固定点相碰，得出多组解，通过计算得出当前 TCP 与机器人手腕中心点（tool0）的相应位置，坐标系方向与 tool0 一致。可以采用三点法标定 TCP，一般为了获得更精确的 TCP，常使用六点法进行操作，第四点是用工具的参考点垂直于固定点，第五点是工具参考点从固定点向将要设定为 TCP 的 X 方向移动，第六点是工具参考点从固定点向将要设定为 TCP 的 Z 方向移动。六点法标定工具坐标系的操作步骤见表 2-31。

表 2-31　六点法标定工具坐标系的操作步骤

操作说明	操作界面
1. 将控制柜上的机器人状态钥匙切换到中间的手动限速状态,在状态栏中确认机器人状态已切换为"手动"	
2. 在 ABB 主菜单中单击"手动操纵"	
3. 单击"工具坐标"	
4. 单击"新建..."	

续表

操作说明	操作界面
5. 新工具坐标系命名为"tool1"，单击"初始值"	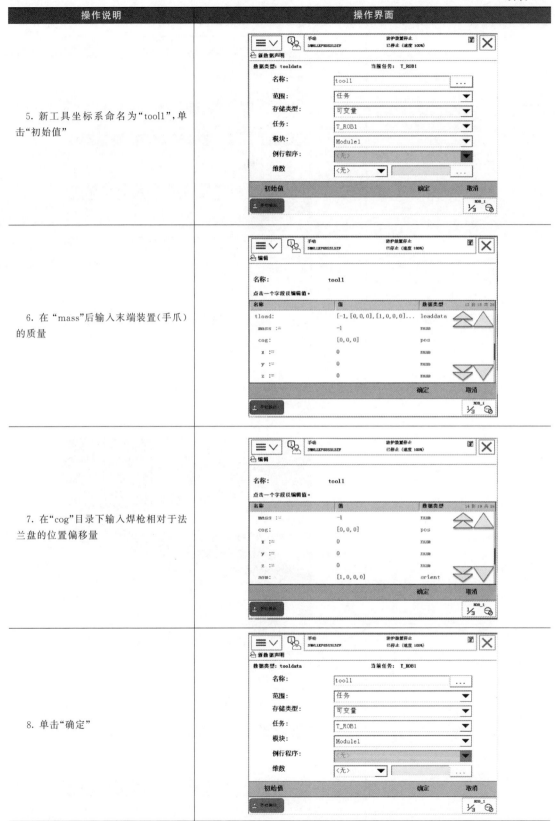
6. 在"mass"后输入末端装置(手爪)的质量	
7. 在"cog"目录下输入焊枪相对于法兰盘的位置偏移量	
8. 单击"确定"	

第2章 工业机器人的操作

097

操作说明	操作界面
9. 选中"tool1",单击"编辑",单击"定义…"	
10. 在"方法"下拉菜单中选择"TCP 和 Z,X"	
11. 手动操纵机器人,使焊枪以一种常见姿态无限接近一空间点(图中为瓶子的顶端点)	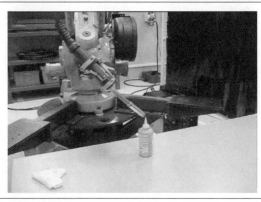
12. 在示教器中选中"点 1",单击"修改位置",记录下该空间点	

操作说明	操作界面
13. 同理，改变焊枪姿态，手动操纵机器人 TCP 无限接近设定的空间点后，分别记录下点 2 和点 3。注意，在三个记录点上焊枪姿态相差越大，设定的工具坐标系越精准	
14. 手动操纵机器人使 TCP 垂直并无限接近于设定的空间点，记录下点 4	
15. 手动操纵机器人 TCP 从点 4 沿设定的 X 方向移动一段距离后，记录为点 5	
16. 手动操纵机器人 TCP 重新回到记录的点 4，然后操纵 TCP 沿设定的 Z 方向移动一定距离，记录为点 6	

2.4.5　工件数据 wobjdata 的设定

工件坐标系的工件数据（wobjdata）的设置步骤见表 2-32。

表 2-32   工件坐标系的工件数据的设置步骤

操作说明	操作界面
1. 将控制柜上的机器人状态钥匙切换到中间的手动限速状态,在状态栏中确认机器人状态已切换为"手动"	手动限速模式
2. 在 ABB 主菜单中单击"手动操纵"	
3. 单击"工件坐标"	
4. 单击"新建..."	

操作说明	操作界面
5. 新工具坐标系命名为"wobj1"，单击"初始值"	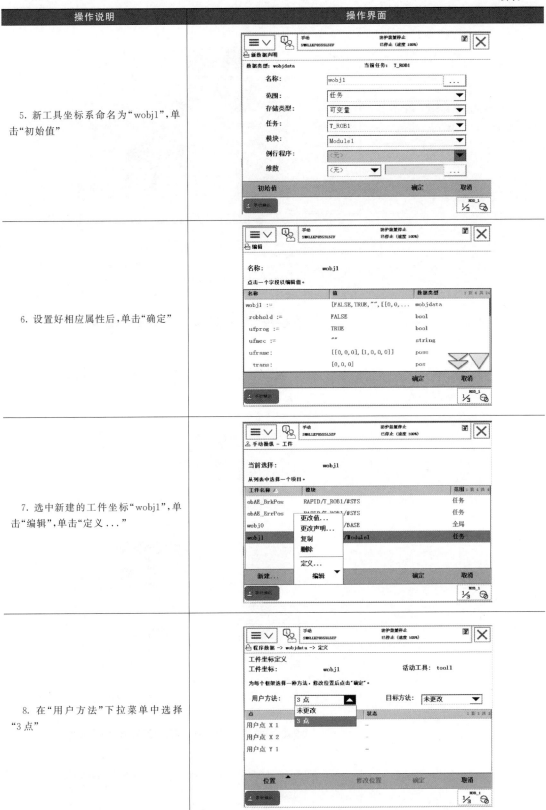
6. 设置好相应属性后，单击"确定"	
7. 选中新建的工件坐标"wobj1"，单击"编辑"，单击"定义..."	
8. 在"用户方法"下拉菜单中选择"3点"	

操作说明	操作界面
9. 手动操纵机器人，使 TCP 靠近工件坐标的 X1 点	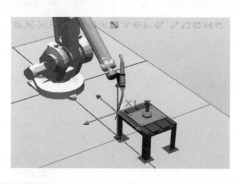
10. 在示教器中选中"用户点 X1"，单击"修改位置"，记录下该空间点	
11. 手动操纵机器人，使 TCP 靠近工件坐标的 X2 点	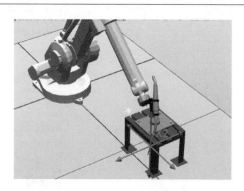
12. 在示教器中选中"用户点 X2"，单击"修改位置"，记录下该空间点	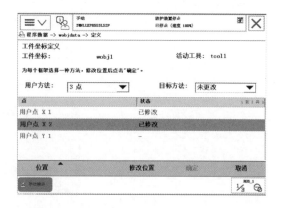

操作说明	操作界面
13. 手动操纵机器人，使 TCP 靠近工件坐标的 Y1 点	
14. 单击"修改位置"，记录下该空间点，然后单击"确定"。工件坐标系创建完成	
15. 选中 wobj1，单击"确定"	
16. 返回手动操纵界面，可以看到工件坐标选项为"wobj1"。使用线性运动模式，体验新建立的工件坐标系	

第2章 工业机器人的操作

2.4.6　有效载荷 loaddata 的设定

对于搬运应用的机器人，应正确设定夹具的质量、重心 tooldata、搬运对象的质量和重心数据 loaddata 等。有效载荷 loaddata 的设定步骤如表 2-33 所示。

表 2-33　有效载荷 loaddata 的设定步骤

操作说明	操作界面
1. 将控制柜上的机器人状态钥匙切换到中间的手动限速状态，在状态栏中确认机器人状态已切换为"手动"	
2. 在 ABB 主菜单中单击"手动操纵"	
3. 单击"有效载荷"	
4. 单击"新建 ..."	

操作说明	操作界面
5. 对有效载荷数据属性进行设定，单击"初始值"	
6. 对有效载荷的数据根据实际的情况进行确定，各参数代表的含义可参考有效载荷参数表	

第3章

工业机器人通信

3.1 标准 I/O 板的配置

I/O 是 Input/Output 的缩写，即输入/输出，机器人可通过 I/O 端口与外部设备进行交互。例如，数字量输入：各种开关信号反馈，如按钮开关、转换开关、接近开关等；传感器信号反馈，如光电传感器、光纤传感器；还有接触器、继电器触点信号反馈；另外还有触摸屏里的开关信号反馈。数字量输出：控制各种继电器线圈，如接触器、继电器、电磁阀；控制各种指示类信号，如指示灯、蜂鸣器。ABB 机器人的标准 I/O 板的输入、输出都是 PNP 类型。

3.1.1 ABB 机器人 I/O 通信的种类

ABB 机器人提供了丰富 I/O 通信接口，如 ABB 的标准通信、与 PLC 的现场总线通信，还有与 PC 的数据通信，如图 3-1 所示，可以轻松地实现与周边设备的通信，I/O 通信接口举例见图 3-2。

ABB 的标准 I/O 板提供的常用信号处理有数字量输入、数字量输出、组输入、组输出、模拟量输入、模拟量输出，如图 3-3、图 3-4 所示。ABB 机器人可以选配标准 ABB 的 PLC，省去了原来与外部 PLC 进行通信设置的麻烦，并且在机器人的示教器上就能实现与 PLC 的相关操作。

常用标准 I/O 板见表 3-1。图 3-5 所示为 ABB 标准 I/O 板（DSQC651 板）。DSQC651 板主要提供 8 个数字输入信号、8 个数字输出信号和 2 个模拟输出信号的处理。

表 3-1　常用标准 I/O 板

序号	型号	说明
1	DSQC651	分布式 I/O 模块，di8、do8、ao2
2	DSQC652	分布式 I/O 模块，di16、do16
3	DSQC653	分布式 I/O 模块，di8、do8，带继电器
4	DSQC355A	分布式 I/O 模块，ai4、ao4
5	DSQC377A	输送链跟踪单元

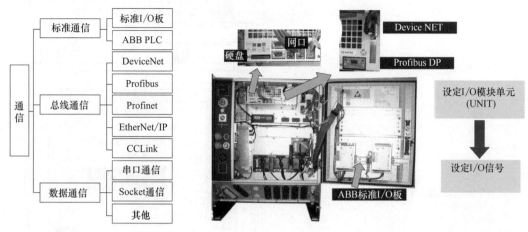

图 3-1　ABB 机器人 I/O 通信种类

图 3-2　I/O 通信接口举例

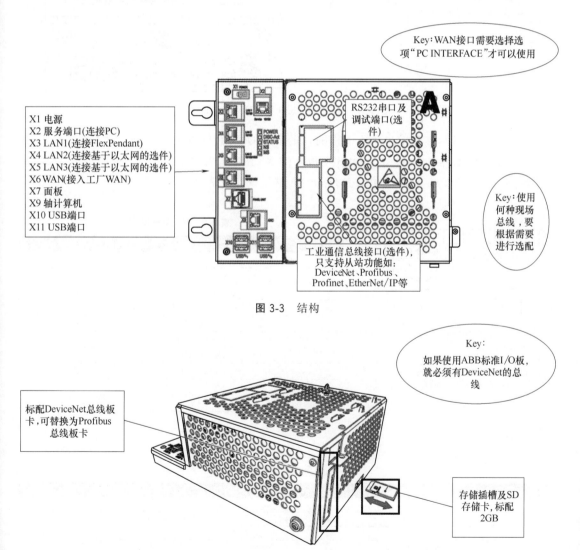

Key：WAN接口需要选择选项"PC INTERFACE"才可以使用

X1 电源
X2 服务端口(连接PC)
X3 LAN1(连接FlexPendant)
X4 LAN2(连接基于以太网的选件)
X5 LAN3(连接基于以太网的选件)
X6 WAN(接入工厂WAN)
X7 面板
X9 轴计算机
X10 USB端口
X11 USB端口

RS232串口及调试端口(选件)

Key：使用何种现场总线，要根据需要进行选配

工业通信总线接口(选件)，只支持从站功能如：DeviceNet、Profibus、Profinet、EtherNet/IP等

图 3-3　结构

Key：
如果使用ABB标准I/O板，就必须有DeviceNet的总线

标配DeviceNet总线板卡，可替换为Profibus总线板卡

存储插槽及SD存储卡，标配2GB

图 3-4　总线板

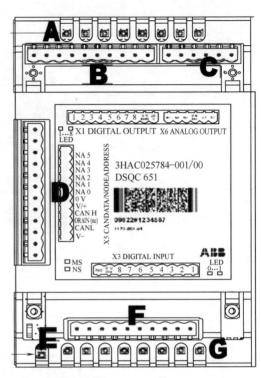

A 数字输出信号指示灯
B 数字输出接口
C 模拟输出接口
D DeviceNet接口
E 模块状态指示灯
F 数字输入接口
G 数字输入信号指示灯

图 3-5 ABB 标准 I/O 板（DSQC651 板）

不同的接口其具体要求也是不一样的，最常用的 ABB 标准 I/O 板型号为 DSQC651。图 3-6 所示为 ABB 标准 I/O 板（DSQC651 板）的 X5 的接口要求。X1 端子说明见表 3-2，X3 端子说明见表 3-3，X5 端子说明见表 3-4，X6 端子说明见表 3-5 。

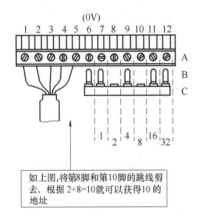

如上图,将第8脚和第10脚的跳线剪去,根据 2+8=10 就可以获得10的地址

图 3-6 ABB 标准 I/O 板（DSQC651 板）
的 X5 的接口要求

表 3-2　X1 端子说明

X1 端子编号	使用定义	地址分配
1	Output CH1	32
2	Output CH2	33
3	Output CH3	34
4	Output CH4	35
5	Output CH5	36
6	Output CH6	37
7	Output CH7	38
8	Output CH8	39
9	0V	
10	24V	

表 3-3　X3 端子说明

X3 端子编号	使用定义	地址分配	X3 端子编号	使用定义	地址分配
1	Input CH1	0	6	Input CH6	5
2	Input CH2	1	7	Input CH7	6
3	Input CH3	2	8	Input CH8	7
4	Input CH4	3	9	0V	
5	Input CH5	4	10	未使用	

表 3-4　X5 端子说明

X5 端子编号	使用定义	X5 端子编号	使用定义
1	0V BLACK(黑色)	7	模块 ID bit 0(LSB)
2	CAN 信号线 low BLUE(蓝色)	8	模块 ID bit 1(LSB)
3	屏蔽线	9	模块 ID bit 2(LSB)
4	CAN 信号线 high WHITE(白色)	10	模块 ID bit 3(LSB)
5	24V RED(红色)	11	模块 ID bit 4(LSB)
6	GND 地址选择公共端	12	模块 ID bit 5(LSB)

表 3-5　X6 端子说明

X6 端子编号	使用定义	地址分配	X6 端子编号	使用定义	地址分配
1	未使用		4	0V	
2	未使用		5	模拟输出 AO1	0-15
3	未使用		6	模拟输出 AO2	16-31

ABB 标准 I/O 板是挂在 DeviceNet 网络上的，所以要设定模块在网络中的地址。端子 X5 的 6～12 的跳线就是用来决定模块的地址的，地址可用范围为 10～63，如表 3-6 所示。如图 3-6 所示，将第 8 脚和第 10 脚的跳线剪去，根据 2＋8＝10 就可以获得 10 的地址。

表 3-6　模块在网络中的地址

参数名称	设定值	说明
Name	board10	设定 I/O 板在系统中的名字
Type of Unit	d651	设定 I/O 板的类型
Connected to Bus	deviceNet1	设定 I/O 板连接的总线
DeviceNet Address	10	设定 I/O 板在总线中的地址

3.1.2　信号定义

（1）定义数字输入/输出信号

ABB 机器人标准 I/O di1 数字输入信号与 do1 输出信号见表 3-7 与表 3-8 所示，其位置见图 3-7、图 3-8 所示。

表 3-7　ABB 机器人标准 I/O di1 数字输入信号

参数名称	设定值	说明
Name	di1	设定数字输入信号的名字
Type of Signal	Digital Input	设定信号的类型
Assigned to Unit	board10	设定信号所在的 I/O 模块
Unit Mapping	0	设定信号所占用的地址

表 3-8　ABB 机器人标准 I/O do1 数字输出信号

参数名称	设定值	说明
Name	do1	设定数字输出信号的名字
Type of Signal	Digital Output	设定信号的类型
Assigned to Unit	board10	设定信号所在的 I/O 模块
Unit Mapping	32	设定信号所占用的地址

（2）定义组输入/输出信号

① 定义组输入信号　组输入信号就是将几个数字输入信号组合起来使用，用于接受外围设备输入的 BCD 编码的十进制数。其相关参数及状态见表 3-9、表 3-10。此例中，gi1 占

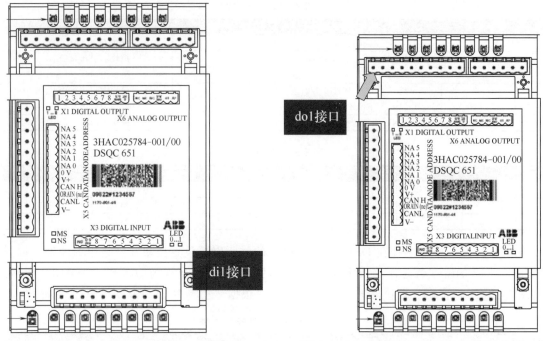

图 3-7　ABB 机器人标准 I/O di1 接口位置　　　　图 3-8　ABB 机器人标准 I/O do1 接口位置

用地址 1～4 共 4 位，可以代表十进制数 0～15。如此类推，如果占用地址 5 位的话，可以代表十进制数 0～31，其位置如图 3-9 所示。

表 3-9　ABB 机器人标准 I/O gi1 组输入信号相关参数

参数名称	设定值	说明
Name	gi1	设定组输入信号的名字
Type of Signal	Group Input	设定信号的类型
Assigned to Unit	board10	设定信号所在的 I/O 模块
Unit Mapping	1-4	设定信号所占用的地址

表 3-10　外围设备输入的 BCD 编码的十进制数状态

状态	地址 1	地址 2	地址 3	地址 4	十进制数
	1	2	4	8	
状态 1	0	1	0	1	2＋8＝10
状态 2	1	0	1	1	1＋4＋8＝13

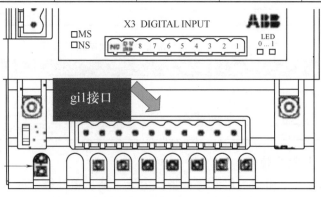

图 3-9　ABB 机器人标准 I/O gi1 接口位置

② 定义组输出信号　组输出信号就是将几个数字输出信号组合起来使用，用于输出 BCD 编码的十进制数，如表 3-11 所示。此例中，go1 占用地址 33~36 共 4 位，可以代表十进制数 0~15。如此类推，如果占用地址 5 位的话，可以代表十进制数 0~31，如表 3-12 所示。其位置如图 3-10 所示。

表 3-11　ABB 机器人标准 I/O go1 组输出信号

参数名称	设定值	说明
Name	go1	设定组输出信号的名字
Type of Signal	Group Output	设定信号的类型
Assigned to Unit	board10	设定信号所在的 I/O 模块
Unit Mapping	33-36	设定信号所占用的地址

表 3-12　输出 BCD 编码的十进制数

状态	地址 33	地址 34	地址 35	地址 36	十进制数
	1	2	4	8	
状态 1	0	1	0	1	2+8=10
状态 2	1	0	1	1	1+4+8=13

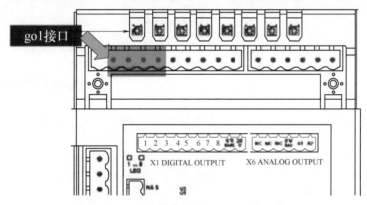

图 3-10　ABB 机器人标准 I/O go1 接口位置

3.1.3　ABB 标准 I/O 板的设置

ABB 标准 I/O 板（DSQC651 板）的配置见表 3-13。

表 3-13　标准 I/O 板（DSQC651 板）的配置

步骤	说明	图示
1	在示教器中选择"控制面板"	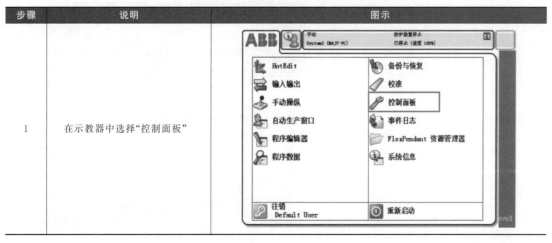

步骤	说明	图示
2	选择"配置"	
3	双击"Unit",进行 SQC651 模块的设定	
4	单击"添加"	
5	双击"Name"进行 DSQC651 板在系统中的名字的设定	

步骤	说明	图示
6	设定为"board10"，单击"确定"	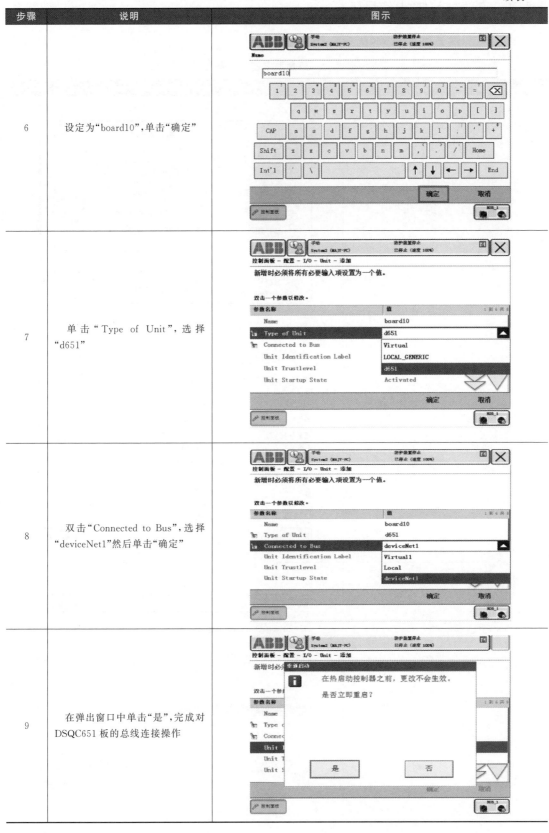
7	单击"Type of Unit"，选择"d651"	
8	双击"Connected to Bus"，选择"deviceNet1"然后单击"确定"	
9	在弹出窗口中单击"是"，完成对DSQC651板的总线连接操作	

第3章 工业机器人通信

3.1.4　定义输入/输出信号

（1）添加数字输入信号 di1（表 3-14）

表 3-14　添加数字输入信号 di1

步骤	说明	图示
1	选择"控制面板"	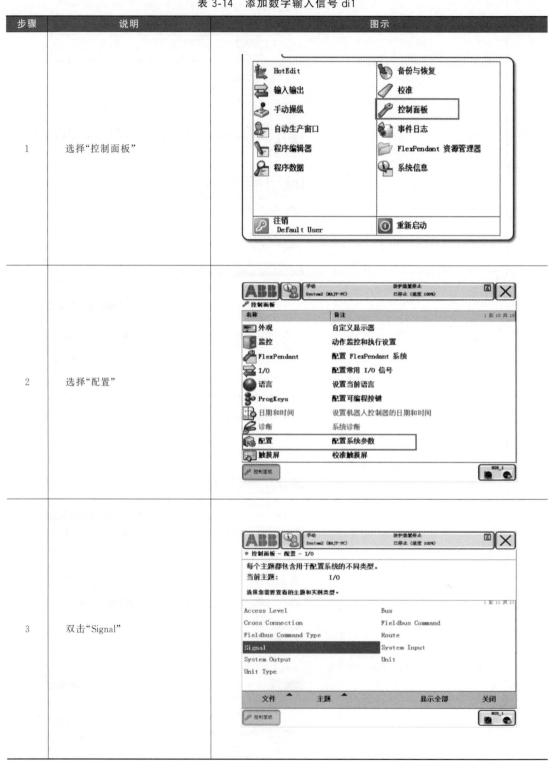
2	选择"配置"	
3	双击"Signal"	

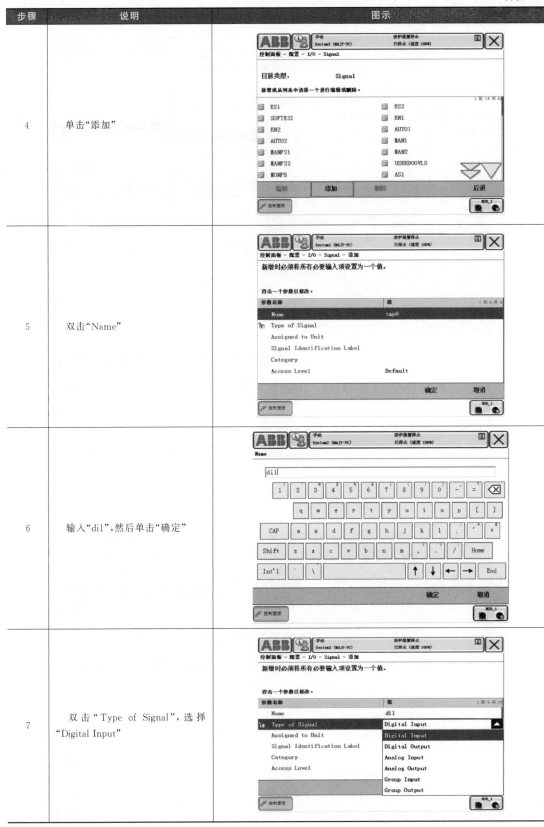

步骤	说明	图示
4	单击"添加"	
5	双击"Name"	
6	输入"di1",然后单击"确定"	
7	双击"Type of Signal",选择"Digital Input"	

第3章 工业机器人通信

步骤	说明	图示
8	双击"Assigned to Unit",选择"board10"	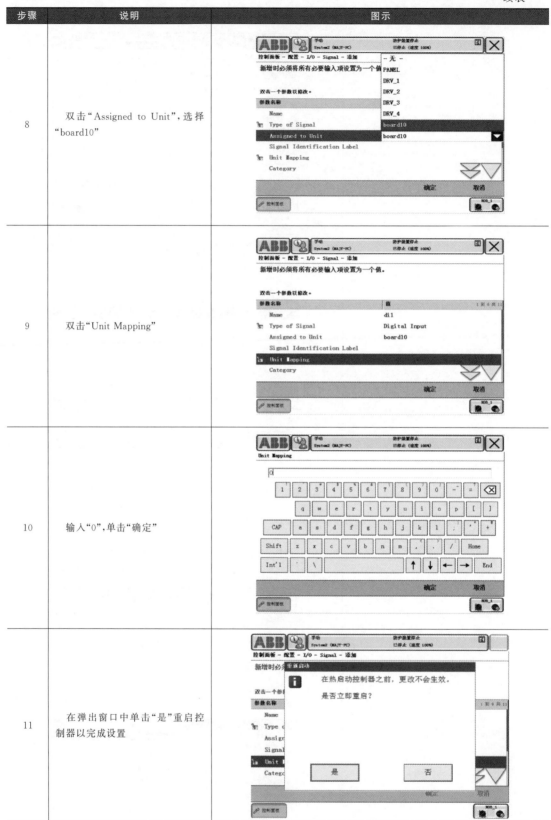
9	双击"Unit Mapping"	
10	输入"0",单击"确定"	
11	在弹出窗口中单击"是"重启控制器以完成设置	

（2）添加数字输出信号 do1（表 3-15）

表 3-15　添加数字输出信号 do1

步骤	说明	图示
1	单击左上角主菜单按钮	
2	选择"控制面板"	
3	选择"配置"	
4	双击"Signal"	

步骤	说明	图示
5	单击"添加"	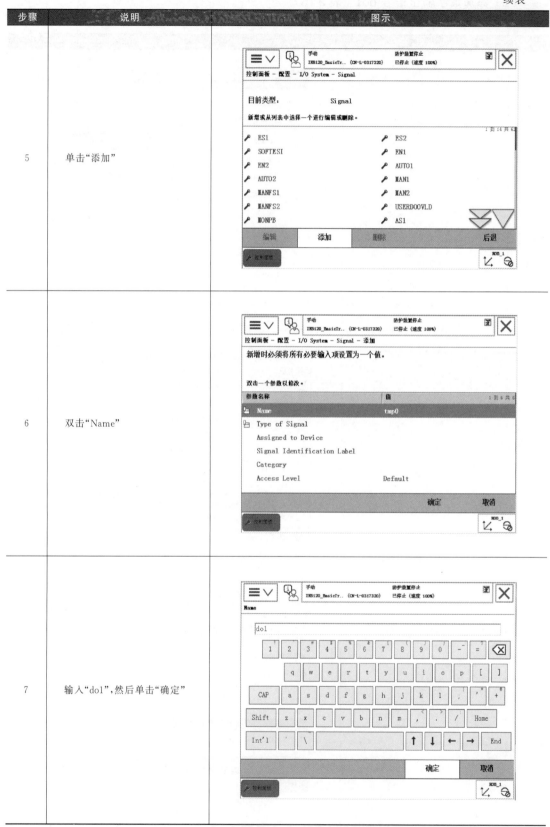
6	双击"Name"	
7	输入"do1",然后单击"确定"	

步骤	说明	图示
8	双击"Type of Signal",选择"Digital Output"	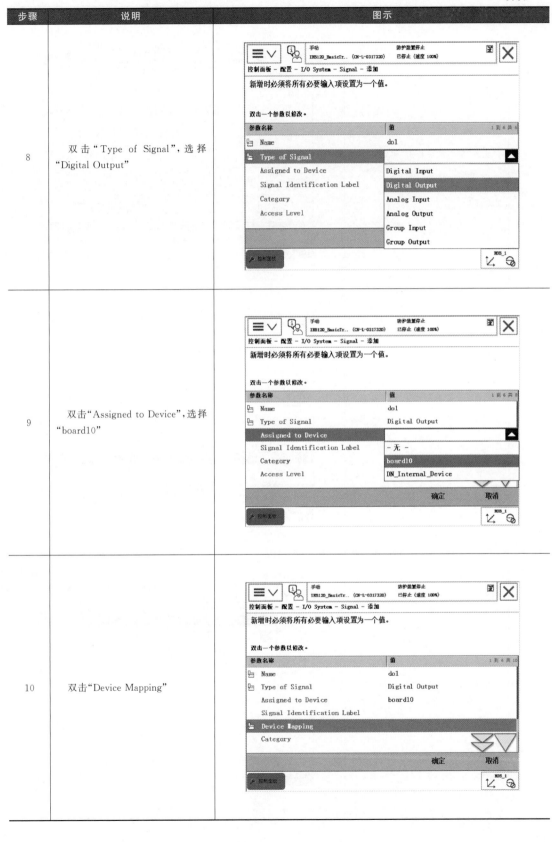
9	双击"Assigned to Device",选择"board10"	
10	双击"Device Mapping"	

步骤	说明	图示
11	输入"32",然后单击"确定"	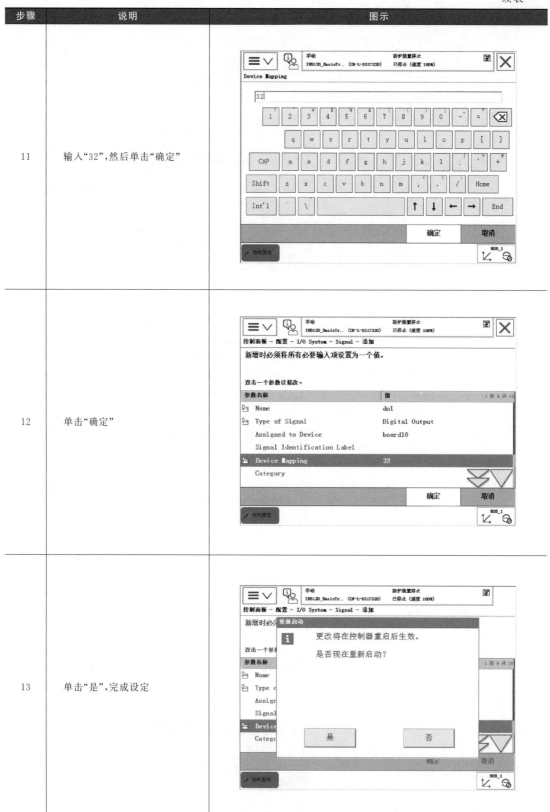
12	单击"确定"	
13	单击"是",完成设定	

3.1.5 定义组输入/输出信号

（1）添加组输入信号 gi1（表 3-16）

表 3-16　添加组输入信号 gi1

步骤	说明	图示
1	单击左上角主菜单按钮	
2	选择"控制面板"	
3	选择"配置"	
4	双击"Signal"	

步骤	说明	图示
5	单击"添加"	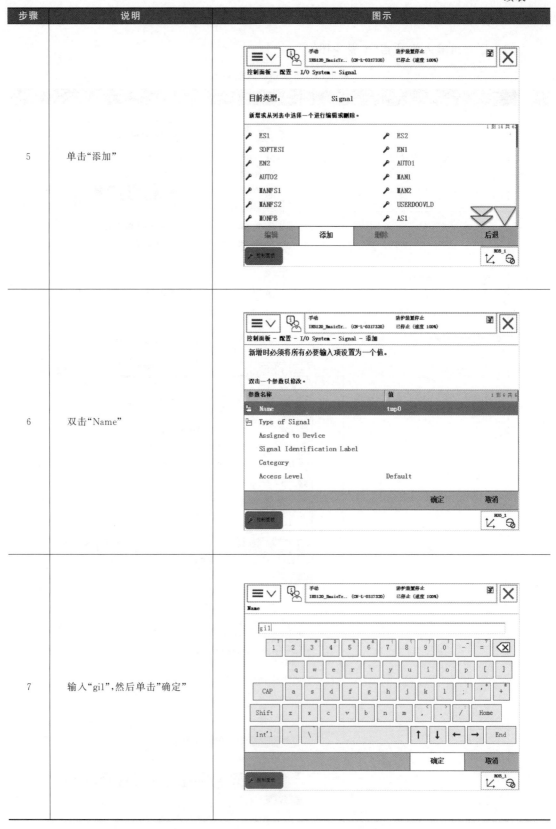
6	双击"Name"	
7	输入"gi1",然后单击"确定"	

步骤	说明	图示
8	双击"Type of Signal",选择"Group Input"	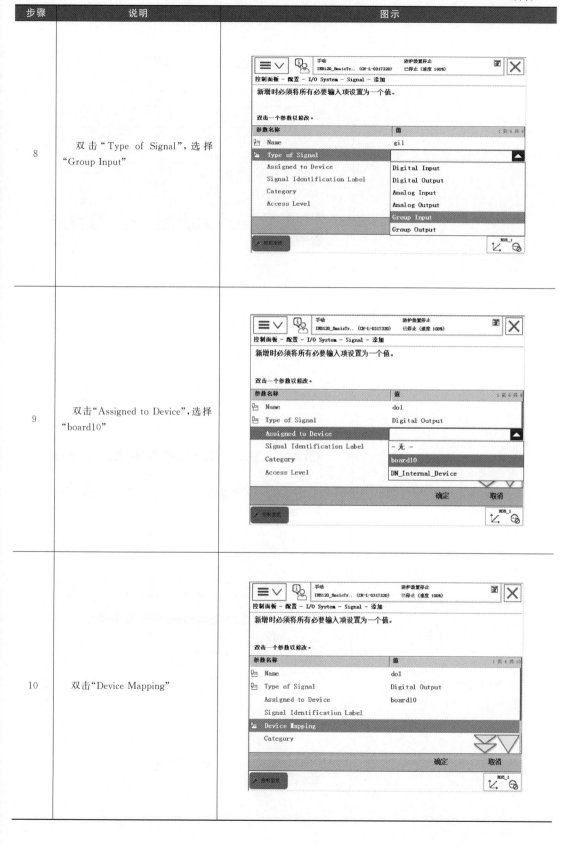
9	双击"Assigned to Device",选择"board10"	
10	双击"Device Mapping"	

第3章 工业机器人通信

123

步骤	说明	图示
11	输入"1-4",然后单击"确定"	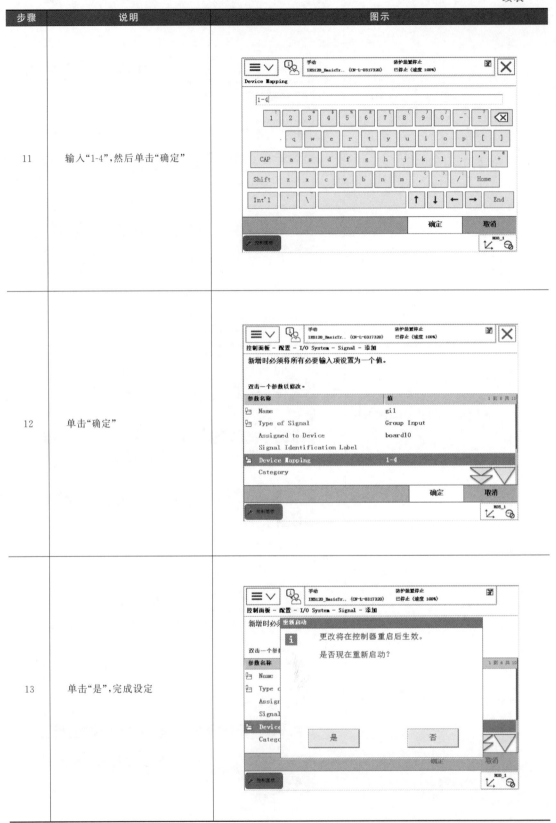
12	单击"确定"	
13	单击"是",完成设定	

（2）添加组输出信号 go1（表 3-17）

表 3-17　添加组输出信号 go1

步骤	说明	图示
1	单击左上角主菜单按钮	
2	选择"控制面板"	
3	选择"配置"	
4	双击"Signal"	

步骤	说明	图示
5	单击"添加"	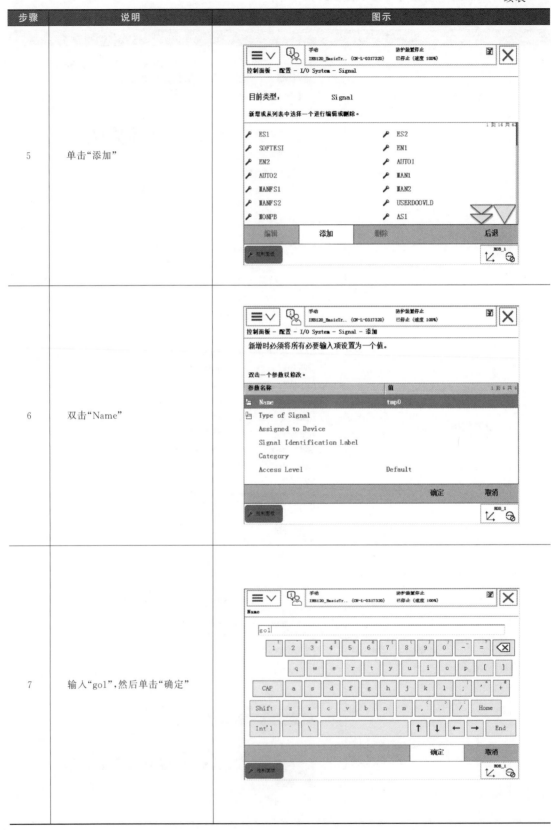
6	双击"Name"	
7	输入"go1",然后单击"确定"	

步骤	说明	图示
8	双击"Type of Signal"，选择"Group Output"	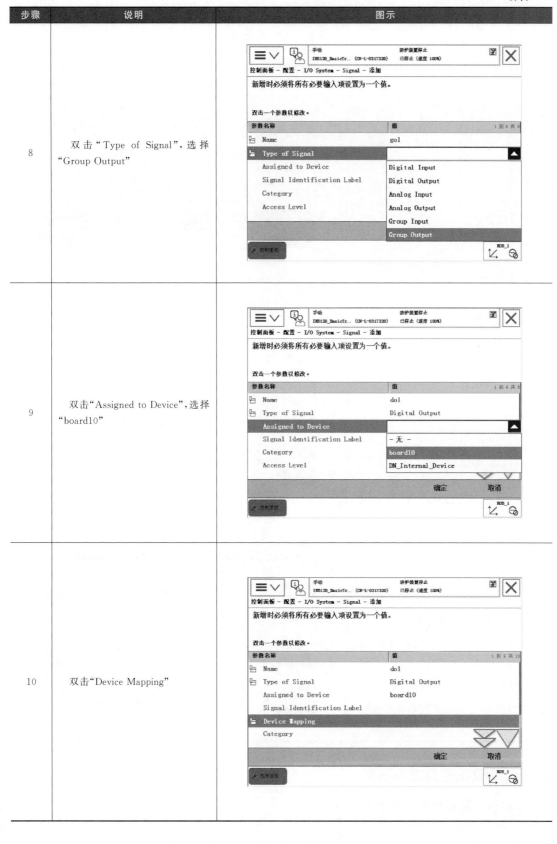
9	双击"Assigned to Device"，选择"board10"	
10	双击"Device Mapping"	

步骤	说明	图示
11	输入"33-36",然后单击"确定"	
12	单击"确定"	
13	单击"是",完成设定	

3.1.6　I/O信号监控与操作

I/O信号监控与操作步骤见表3-18。

表 3-18 I/O 信号监控与操作步骤

步骤	说明	图示
1	选择"输入输出"	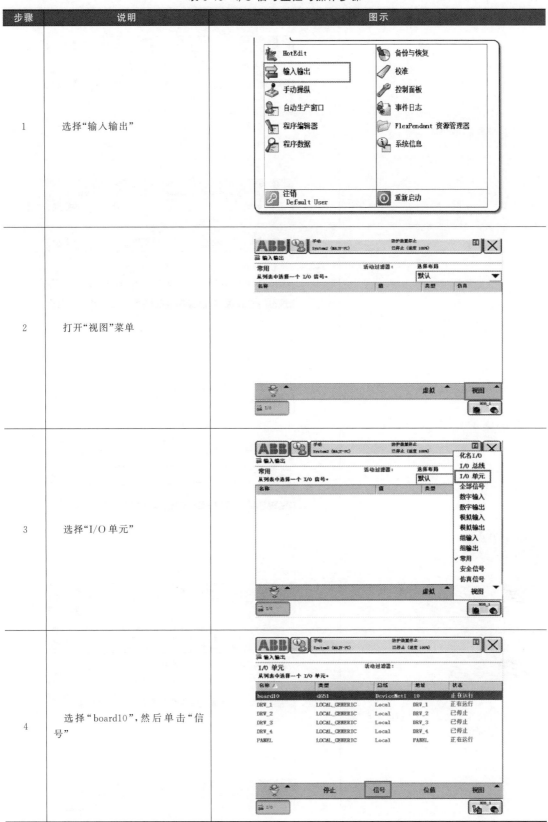
2	打开"视图"菜单	
3	选择"I/O 单元"	
4	选择"board10",然后单击"信号"	

步骤	说明	图示
5	通过该窗口可对信号进行监控、仿真和强制操作	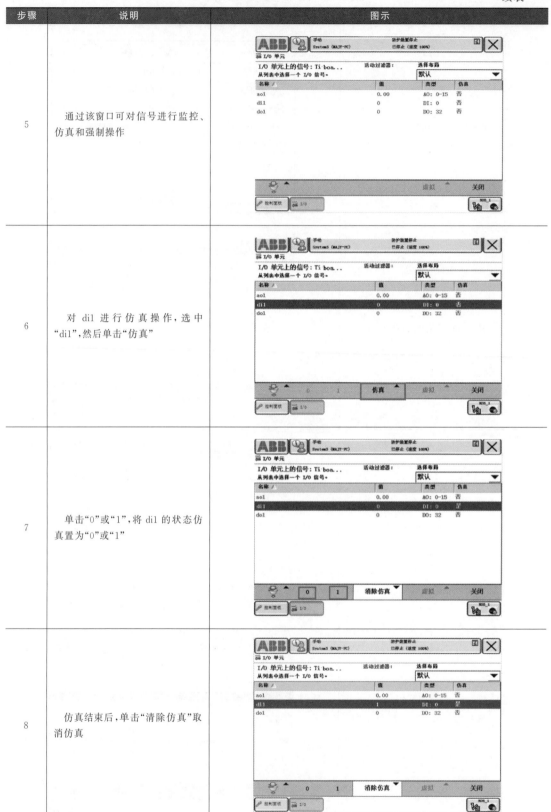
6	对 di1 进行仿真操作,选中"di1",然后单击"仿真"	
7	单击"0"或"1",将 di1 的状态仿真置为"0"或"1"	
8	仿真结束后,单击"清除仿真"取消仿真	

步骤	说明	图示
9	对 ao1 进行强制操作	
10	输入需要的数值, 然后单击"确定"	
11	ao1 强制设置输出为"2.00"	

3.1.7 定义模拟输出信号 ao1

模拟输出信号常见应用于控制焊接电源电压, 其位置如图 3-11 所示。这里以创建焊接电源电压输出与机器人输出电压的如图 3-12 所示的线性关系为例, 定义模拟输出信号 ao1, 相关参数见表 3-19, 其操作见表 3-20。

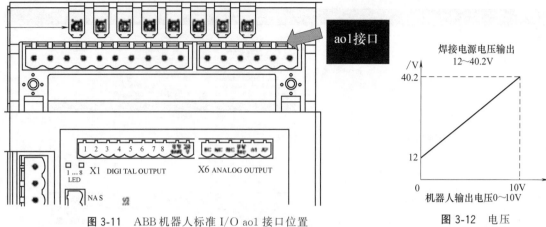

图 3-11 ABB 机器人标准 I/O ao1 接口位置

图 3-12 电压

表 3-19 ABB 机器人标准 I/O ao1 模拟输出信号相关参数

参数名称	设定值	说明
Name	ao1	设定模拟输出信号的名字
Type of Signal	Analog Output	设定信号的类型
Assigned to Unit	board10	设定信号所在的 I/O 模块
Device Mapping	0-15	设定信号所占用的地址
Default Value	12	默认值,不得小于最小逻辑值
Analog Encoding Type	Unsigned	默认值,不得小于最小逻辑值
Maximum Logical Value	40.2	最大逻辑值,焊机最大输出电压 40.2V
Maximum Physical Value	10	最大物理值,焊机最大输出电压时所对应 I/O 板卡最大输出电压值
Maximum Physical Value Limit	10	最大物理限值,I/O 板卡端口最大输出电压值
Maximum Bit Value	65535	最大逻辑位值,16 位
Minimum Logical Value	12	最小逻辑值,焊机最小输出电压 12V
Minimum Physical Value	0	最小物理值,焊机最小输出电压时所对应 I/O 板卡最小输出电压值
Minimum Physical Value Limit	0	最小物理限值,I/O 板卡端口最小输出电压
Minimum Bit Value	0	最小逻辑位值

表 3-20 机器人标准 I/O ao1 模拟输出信号的操作

步骤	说明	图示
1	定义模拟输出信号 ao1,选择"控制面板"	手动 IRB120_Basicfr.. (CN-L-0317220) 防护装置停止 已停止(速度 100%) HotEdit 备份与恢复 输入输出 校准 手动操纵 控制面板 自动生产窗口 事件日志 程序编辑器 FlexPendant 资源管理器 程序数据 系统信息 注销 Default User 重新启动 1/3

步骤	说明	图示
2	选择"配置"	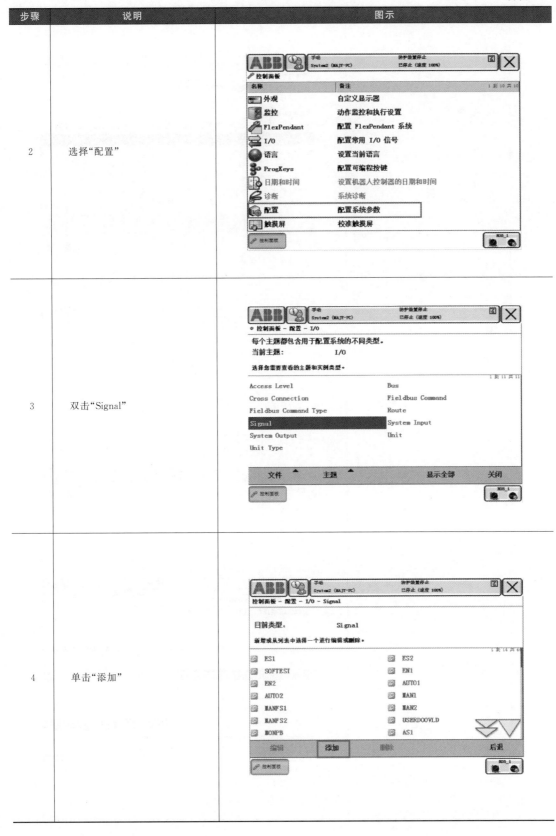
3	双击"Signal"	
4	单击"添加"	

步骤	说明	图示
5	双击"Name"	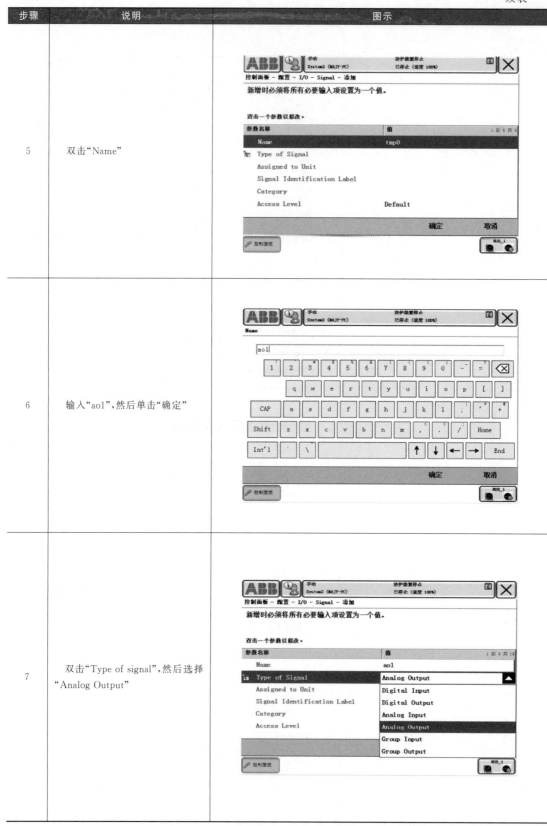
6	输入"ao1"，然后单击"确定"	
7	双击"Type of signal"，然后选择"Analog Output"	

步骤	说明	图示
8	双击"Assigned to Unit",然后选择"board10"	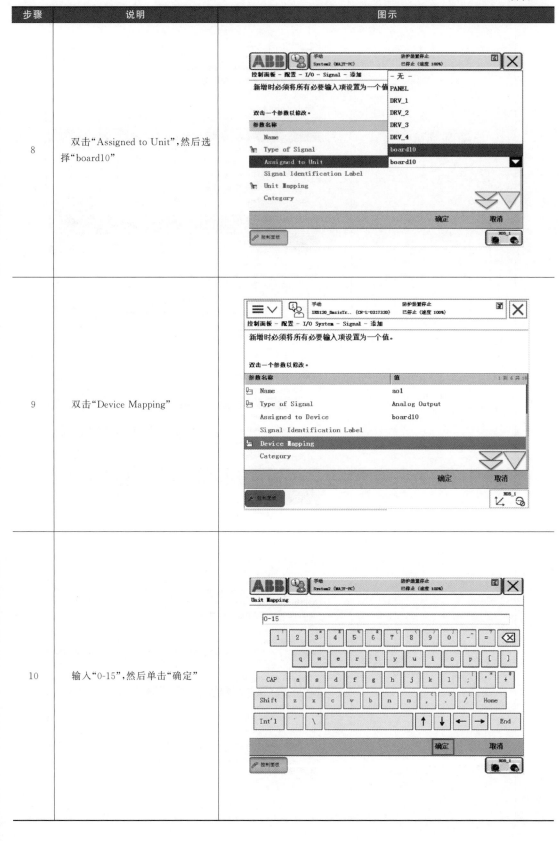
9	双击"Device Mapping"	
10	输入"0-15",然后单击"确定"	

135

步骤	说明	图示
11	双击"Default Value",然后输入"12"	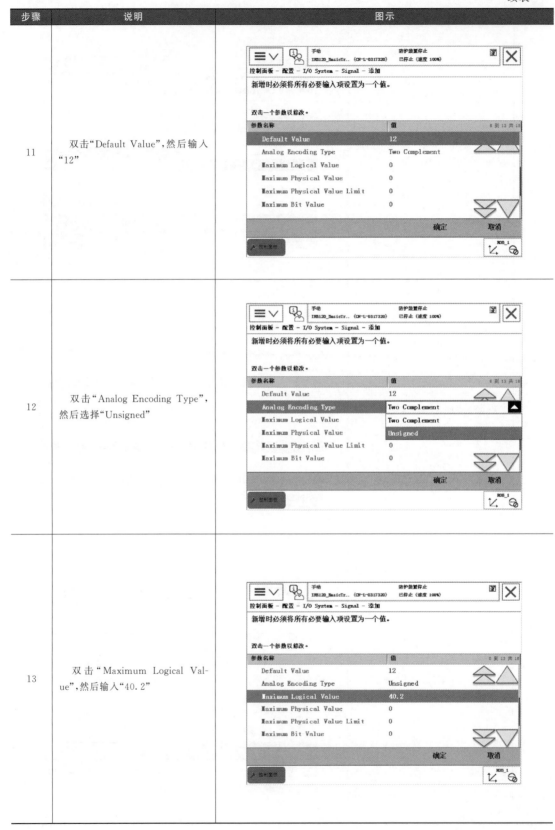
12	双击"Analog Encoding Type",然后选择"Unsigned"	
13	双击"Maximum Logical Value",然后输入"40.2"	

步骤	说明	图示
14	双击"Maximum Physical Value",然后输入"10"	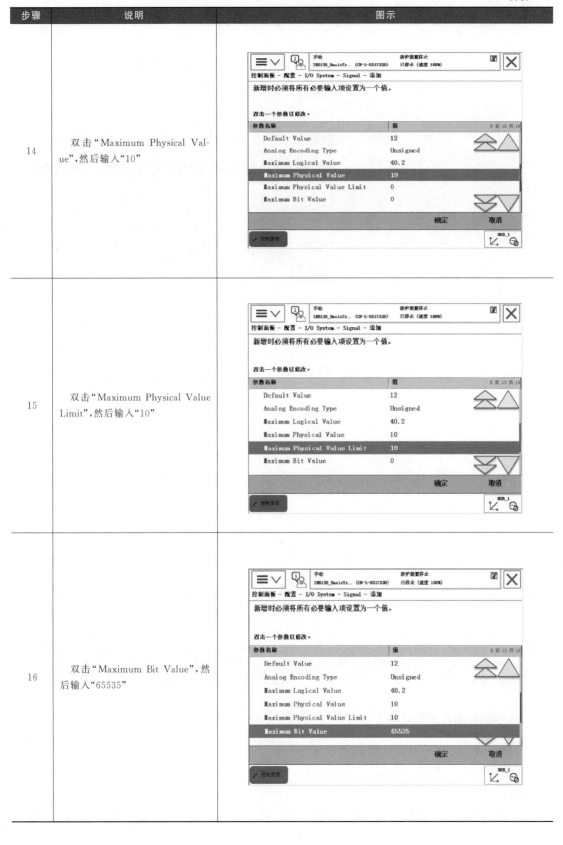
15	双击"Maximum Physical Value Limit",然后输入"10"	
16	双击"Maximum Bit Value",然后输入"65535"	

第3章 工业机器人通信

步骤	说明	图示
17	双击"Minimum Logical Value"，然后输入"12"	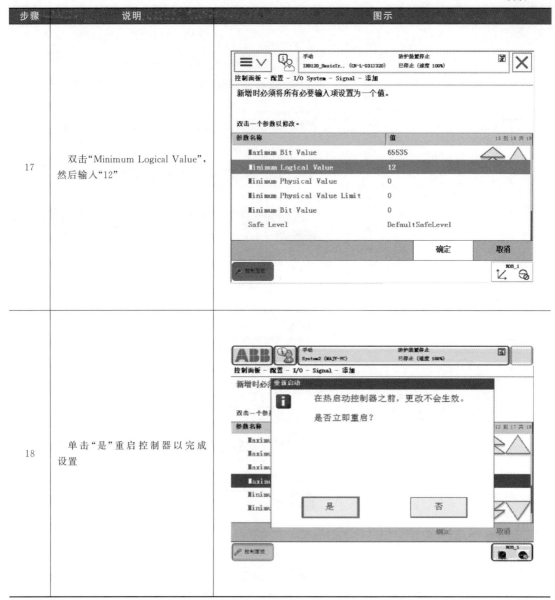
18	单击"是"重启控制器以完成设置	

3.2 关联信号

3.2.1 系统输入/输出与 I/O 信号的关联

将数字输入信号与系统的控制信号关联起来，就可以对系统进行控制（例如电动机的开启、程序启动等）。系统的状态信号也可以与数字输出信号关联起来，将系统的状态输出给外围设备，以作控制之用。

① 建立系统输入"电动机开启"与数字输入信号 di1 的关联，具体操作步骤见表 3-21。

表 3-21　建立系统输入"电动机开启"与数字输入信号 di1 的关联具体操作步骤

步骤	说明	图示
1	单击左上角主菜单按钮	
2	选择"控制面板"	
3	选择"配置"	
4	双击"System Input"	

步骤	说明	图示
5	单击"添加"	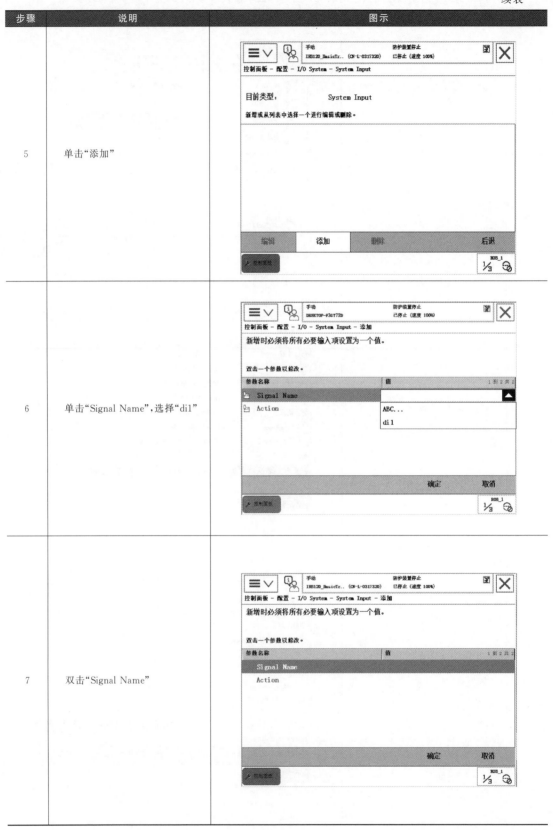
6	单击"Signal Name"，选择"di1"	
7	双击"Signal Name"	

步骤	说明	图示
8	选择"di1"	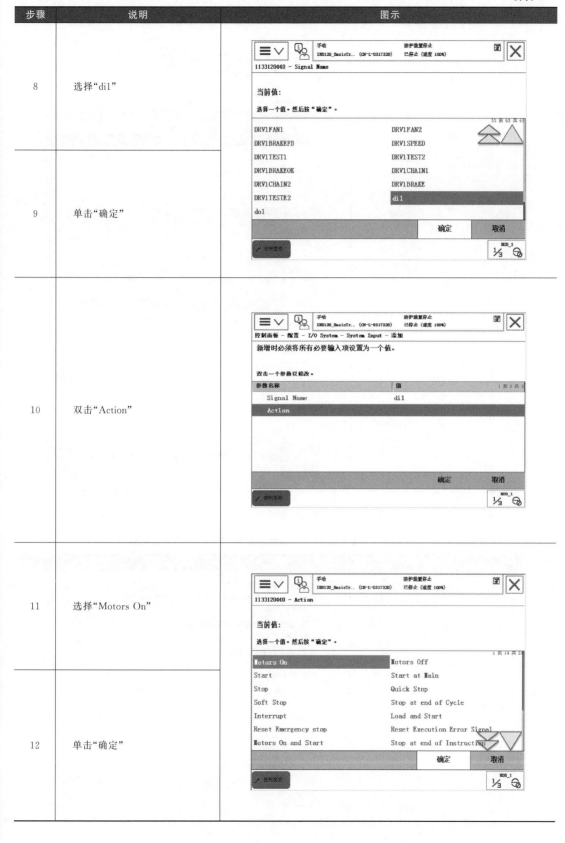
9	单击"确定"	
10	双击"Action"	
11	选择"Motors On"	
12	单击"确定"	

步骤	说明	图示
13	单击"确定"	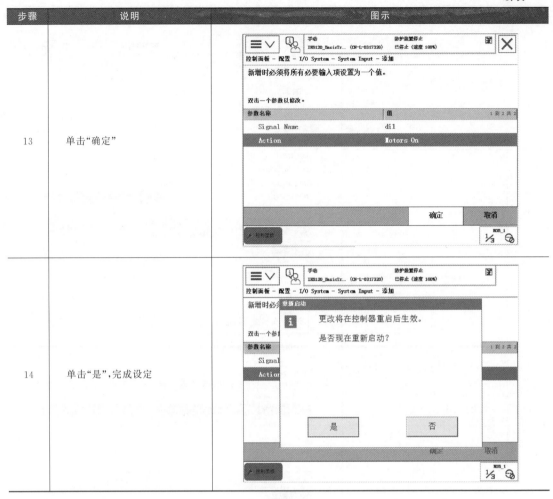
14	单击"是",完成设定	

② 建立系统输出"电动机开启"与数字输出信号 do1 的关联,具体操作步骤见表 3-22。

表 3-22　建立系统输出"电动机开启"与数字输出信号 do1 的关联具体操作步骤

步骤	说明	图示
1	进入"控制面板→配置→I/O"界面,双击"System Output"	

步骤	说明	图示
2	单击"添加"	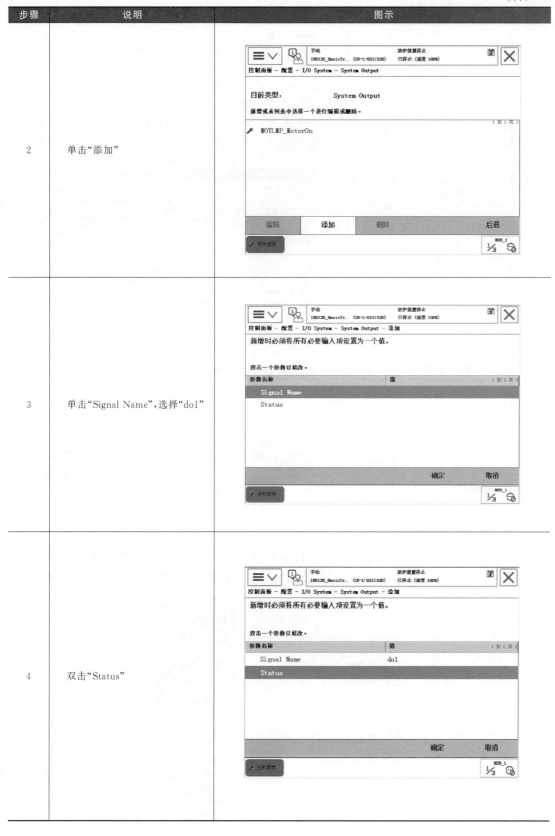
3	单击"Signal Name"，选择"do1"	
4	双击"Status"	

第3章 工业机器人通信

步骤	说明	图示
5	选择"Motor On State",单击"确定"	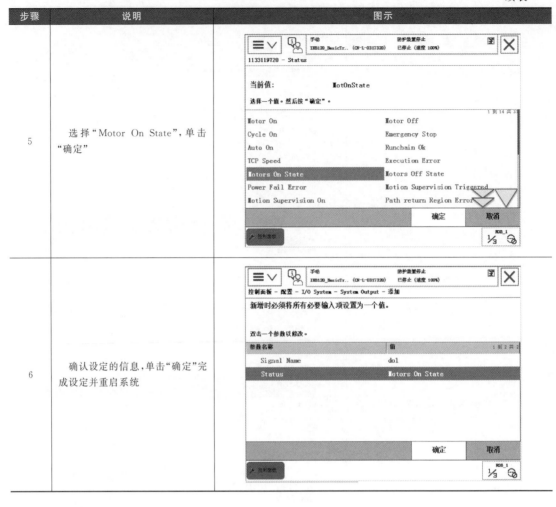
6	确认设定的信息,单击"确定"完成设定并重启系统	

3.2.2 定义可编程按键

为了方便对 I/O 信号进行强制与仿真操作,可将可编程按键分配给想要快捷控制的 I/O 信号。示教器上的可编程按键如图 3-13 所示。定义 do1 到可编程按键 1 的操作见表 3-23。

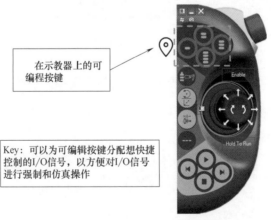

在示教器上的可编程按键

Key:可以为可编辑按键分配想快捷控制的I/O信号,以方便对I/O信号进行强制和仿真操作

图 3-13　示教器上的可编程按键

表 3-23　定义 do1 到可编程按键 1 的操作

步骤	说明	图示
1	"控制面板"→"配置可编程按键"	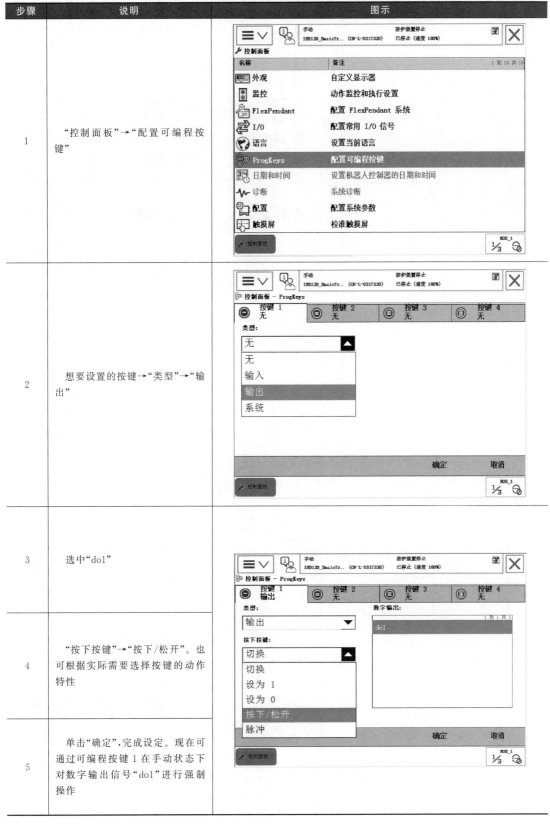
2	想要设置的按键→"类型"→"输出"	
3	选中"do1"	
4	"按下按键"→"按下/松开"。也可根据实际需要选择按键的动作特性	
5	单击"确定",完成设定。现在可通过可编程按键 1 在手动状态下对数字输出信号"do1"进行强制操作	

步骤	说明	图示
6	打开主菜单→"输入输出"	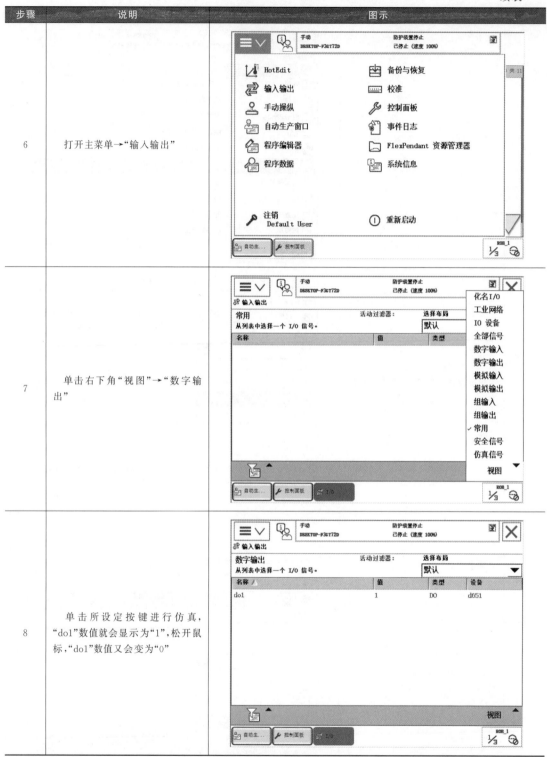
7	单击右下角"视图"→"数字输出"	
8	单击所设定按键进行仿真，"do1"数值就会显示为"1"，松开鼠标，"do1"数值又会变为"0"	

第4章

轨迹类工作站的现场编程

4.1 典型轨迹类作业的规划

轨迹类工作站是指工作以轨迹为主的工作站，是一种非负重工作站。主要有图 4-1 所示的弧焊、点焊、激光焊接、激光切割、喷涂、去毛刺、轻型加工、雕刻、涂胶、贴条、修边、弱化、滚边等。

(a) 弧焊

(b) 点焊

(c) 激光焊接

(d) 激光切割

(e) 喷涂

(f) 去毛刺

图 4-1

(g) 轻型加工

(h) 雕刻

(i) 涂胶

(j) 贴条

(k) 修边

(l) 弱化

(m) 滚边

图 4-1　轨迹类工作站

图 4-2　轨迹训练模型

无论工业机器人做什么工作，基础编程都是运动轨迹程序的编制，有些工业机器人的运动轨迹比较简单，如上下料，有些运动轨迹则非常复杂，比如雕刻工业机器人的复杂型面的雕刻。但复杂轨迹是由简单轨迹构成的。因此，轨迹编程一般借助轨迹训练模型来完成。如图 4-2 所示，轨迹训练模型由优质铝材加工制造，表面阳极氧化处理，在平面、曲面上蚀刻不同图形规则的图案（平行四边形、五角星、椭圆、风车图案、凹字形图案等多种不同轨迹图案)，且该模型右下角配有 TCP 示教辅助装置，可通过末端夹持装置（如焊枪、笔等）进行轨迹程序的编制，以此对机器人基本的点、平面直线、曲线运动/曲面直线、曲线运动的轨迹示教。

4.1.1　涂胶装配

（1）运动规划

涂胶装配运动规划如图 4-3 所示。

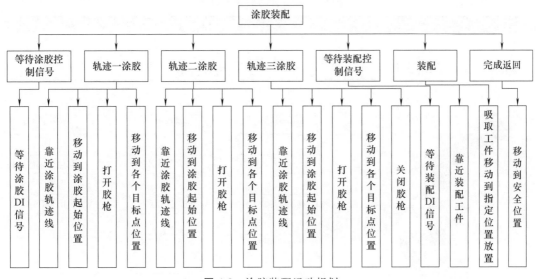

图 4-3　涂胶装配运动规划

（2）轨迹涂胶装配任务

机器人接收到涂胶信号时，运动到涂胶起始位置点，胶枪打开，沿着图 4-4 所示的轨迹一（1—2—3—4—5）涂胶，然后依次完成轨迹二、轨迹三的涂胶任务，最后回到机械原点。

（3）装配

机器人接收到装配信号时，运动到装配起始位置点，末端吸盘开启，分别把图 4-5 所示的工件放置到对应的槽内，再把黑色的箱盖装配到箱体上，装配完成后机器人回到机械原点，完成涂胶装配任务。

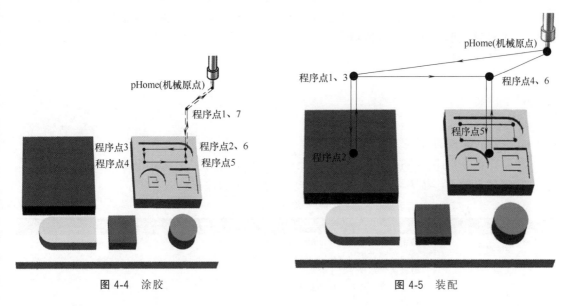

图 4-4　涂胶　　　　　　　　　　图 4-5　装配

（4）箱体表面涂装

钢制箱体表面涂装作业所用喷枪为高转速旋杯式自动静电涂装机，配合换色阀及涂料混合器完成旋杯打开、关闭进行涂装作业。图 4-6 所示的箱体表面涂装由 8 个程序点构成。涂装作业程序点说明见表 4-1，涂装流程如图 4-7 所示。

表 4-1 涂装作业程序点说明

程序点	说明	程序点	说明	程序点	说明
程序点 1	机器人原点	程序点 4	涂装作业中间点	程序点 7	作业规避点
程序点 2	作业临近点	程序点 5	涂装作业中间点	程序点 8	机器人原点
程序点 3	涂装作业开始点	程序点 6	涂装作业结束点		

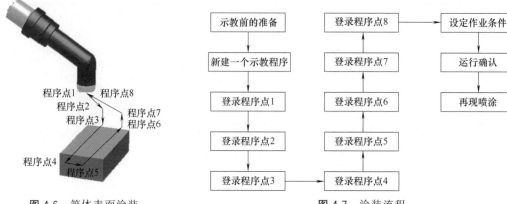

图 4-6 箱体表面涂装   图 4-7 涂装流程

为达到工件涂层的质量要求，须保证：

① 旋杯的轴线始终要在工件涂装工作面的法线方向；

② 旋杯端面到工件涂装工作面的距离要保持稳定，一般保持在 0.2m 左右；

③ 旋杯涂装轨迹要部分相互重叠（一般搭接宽度为 2/3～3/4 时较为理想），并保持适当的间距；

④ 涂装机器人应能迎上和跟踪工件传送装置上的工件的运动；

⑤ 在进行示教编程时，若前臂及手腕有外露的管线，应避免与工件发生干涉。

（5）涂装机器人作业示教流程

① 示教前的准备

a. 工件表面清理。

b. 工件装夹。

c. 安全确认。

d. 机器人原点确认。

② 新建作业程序　点按示教器的相关菜单或按钮，新建一个作业程序"Paint_sheet"。

③ 程序点输入　按表 4-2 所示的涂装作业示教完成程序点输入。

表 4-2 涂装作业示教

程序点	示教方法
程序点 1 （机器人原点）	❶手动操纵机器人移动机器人到原点。 ❷将程序点插补方式选"PTP"。 ❸确认保存程序点 1 为机器人原点
程序点 2 （作业临近点）	❶手动操纵机器人移动到作业临近点,调整喷枪姿态。 ❷将程序点插补方式选"PTP"。 ❸确认保存程序点 2 为作业临近点
程序点 3 （涂装作业开始点）	❶保持喷枪姿态不变,手动操纵机器人移动到涂装作业开始点。 ❷将程序点插补方式选"直线插补"。 ❸确认保存程序点 3 为作业开始点。 ❹如有需要,手动插入涂装作业"开始"命令

程序点	示教方法
程序点4、程序点5 （涂装作业中间点）	❶保持喷枪姿态不变，手动操纵机器人依次移动到各涂装作业中间点。 ❷将程序点插补方式选"直线插补"。 ❸确认保存程序点4、程序点5为作业中间点
程序点6 （涂装作业结束点）	❶保持喷枪姿态不变，手动操纵机器人移动到涂装作业结束点。 ❷将程序点插补方式选"直线插补"。 ❸确认保存程序点6为作业结束点。 ❹如有需要，手动插入涂装作业结束命令
程序点7 （作业规避点）	❶手动操纵机器人移动到作业临近点。 ❷将程序点插补方式选"PTP"。 ❸确认保存程序点7为作业规避点
程序点8 （机器人原点）	❶手动操纵机器人移动机器人到原点。 ❷将程序点插补方式选"PTP"。 ❸确认保存程序点8为机器人原点

④ 设定作业条件

a. 设定涂装条件。涂装条件的设定主要包括涂装流量、雾化气压、喷幅（调扇幅）、气压、静电电压以及颜色设置等，但具体到每一设备是有异的，表4-3所示为某类型号的涂装条件设定参考值。

b. 添加涂装次序指令。在涂装开始、结束点（或各路径的开始、结束点）手动添加涂装次序指令，控制喷枪的开关。

表4-3 涂装条件设定参考值

工艺条件	搭接宽度	喷幅 /mm	枪速 /mm·s^{-1}	吐出量 /mL·min^{-1}	旋杯 /kr·min^{-1}	$U_{静电}$/kV	空气压力 /MPa
参考值	2/3～3/4	300～400	600～800	0～500	20～40	60～90	0.15

⑤ 检查试运行

a. 打开要测试的程序文件。

b. 移动光标到程序开头。

c. 持续按住示教器上的有关"跟踪"功能键，实现机器人的单步或连续运转。

⑥ 再现涂装

a. 打开要再现的作业程序，并移动光标到程序开头。

b. 切换"模式"至"再现/自动"状态。

c. 按示教器上的伺服"ON"按钮，接通伺服电源。

d. 按"启动"按钮，机器人开始再现涂装。

4.1.2 点焊

点焊通常用于板材焊接。焊接限于一个或几个点上，将工件互相重叠，如图4-8所示，规划了8个程序点将整个焊缝分为五段来进行焊接，每个程序点的用途见表4-4。

（1）工具中心点（TCP）的确定

对点焊机器人而言，TCP一般设在焊钳开口的中点处，且要求焊钳两电极

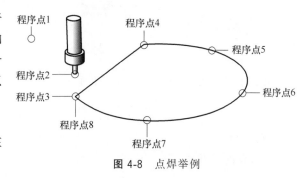

图4-8 点焊举例

表 4-4　程序点用途

程序点	说明	程序点	说明	程序点	说明
程序点 1	Home 点	程序点 4	焊接作业中间点	程序点 7	焊接作业中间点
程序点 2	焊接作业临近点	程序点 5	焊接作业中间点	程序点 8	焊接作业结束点
程序点 3	焊接作业开始点	程序点 6	焊接作业中间点		

垂直于被焊工件表面，如图 4-9 所示。

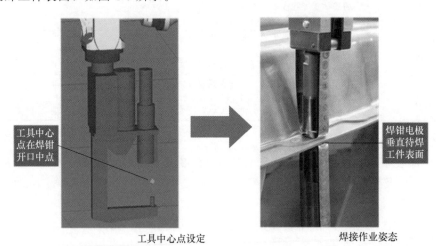

图 4-9　TCP 与作业姿态

以图 4-10 所示的工件焊接为例，采用在线示教方式为机器人输入两块薄板（板厚 2mm）的点焊作业程序。此程序由编号 1 至 5 的 5 个程序点组成。本例中使用的焊钳为气动焊钳，通过气缸来实现焊钳的大开、小开和闭合三种动作。其程序点说明见表 4-5，作业示教流程如图 4-11 所示。

表 4-5　点焊程序点说明

程序点	说明	焊钳动作	程序点	说明	焊钳动作
程序点 1	机器人原点		程序点 4	作业临近点	闭合→小开
程序点 2	作业临近点	大开→小开	程序点 5	机器人原点	小开→大开
程序点 3	点焊作业点	小开→闭合			

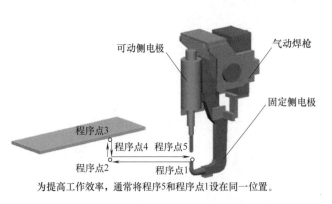

为提高工作效率，通常将程序5和程序点1设在同一位置。

图 4-10　点焊机器人运动轨迹

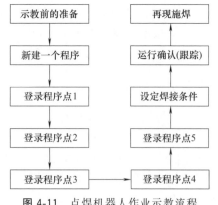

图 4-11　点焊机器人作业示教流程

（2）操作

① 示教前的准备

a. 工件表面清理。

b. 工件装夹。

c. 安全确认。

d. 机器人原点确认。

② 新建作业程序　点按示教器的相关菜单或按钮，新建一个作业程序"Spot_sheet"。

③ 程序点的登录　手动操纵机器人分别移动到程序点1至程序点5位置。处于待机位置的程序点1和程序点5，要处于与工件、夹具互不干涉的位置。另外，机器人末端工具在各程序点间移动时，也要处于与工件、夹具互不干涉的位置。点焊作业示教如表4-6所示。

表4-6　点焊作业示教

程序点	示教方法
程序点1 （机器人原点）	❶手动操纵机器人使其到原点。 ❷将程序点属性设定为"空走点"，插补方式选"PTP"。 ❸确认保存程序点1为机器人原点
程序点2 （作业临近点）	❶手动操纵机器人移动到作业临近点，调整焊钳姿态。 ❷将程序点属性设定为"空走点"，插补方式选"PTP"。 ❸确认保存程序点2为作业临近点
程序点3 （点焊作业点）	❶保持焊钳姿态不变，手动操纵机器人移动到点焊作业点。 ❷将程序点属性设定为"作业点/焊接点"，插补方式选"PTP"。 ❸确认保存程序点3为作业开始点。 ❹如有需要，手动插入点焊作业命令
程序点4 （作业临近点）	❶手动操纵机器人移动到作业临近点。 ❷将程序点属性设定为"空走点"，插补方式选"PTP"。 ❸确认保存程序点4为作业临近点
程序点5 （机器人原点）	❶手动操纵机器人要领移动机器人到原点。 ❷将程序点属性设定为"空走点"，插补方式选"PTP"。 ❸确认保存程序点5为机器人原点

注意：对于程序点4和程序点5的示教，利用便利的文件编辑功能（逆序粘贴），可快速完成前行路线的拷贝。

④ 设定作业条件

a. 设定焊钳条件。焊钳条件的设定主要包括焊钳号、焊钳类型、焊钳状态等。

b. 设定焊接条件。如表4-7所示，焊接条件包括点焊时的焊接电源和焊接时间，需在焊机上设定。

表4-7　点焊条件设定

板厚 /mm	大电流-短时间			小电流-长时间		
	时间（周期）	压力/kgf	电流/A	时间（周期）	压力/kgf	电流/A
1.0	10	225	8800	36	75	5600
2.0	20	470	13000	64	150	8000
3.0	32	820	17400	105	260	10000

⑤ 检查试运行　为确认示教的轨迹，需测试运行（跟踪）程序。跟踪时，因不执行具体作业命令，所以能进行空运行。

a. 打开要测试的程序文件。

b. 移动光标至期望跟踪程序点所在命令行。

c. 持续按住示教器上的有关"跟踪"功能键，实现机器人的单步或连续运转。

⑥ 再现施焊　轨迹经测试无误后，将"模式"旋钮对准"再现/自动"位置，开始进行

实际焊接。在确认机器人的运行范围内没有其他人员或障碍物后，接通保护气体，采用手动或自动方式实现自动点焊作业。

a. 开要再现的作业程序，并移动光标到程序开头。

b. 切换"模式"旋钮至"再现/自动"状态。

c. 按示教器上的伺服"ON"按钮，接通伺服电源。

d. 按"启动"按钮，机器人开始运行。

4.1.3 弧焊

以图 4-12 所示焊接工件为例，采用在线示教方式为机器人输入 AB、CD 两段弧焊作业程序，加强对直线、圆弧的示教。其程序点说明见表 4-8，作业示教流程如图 4-13 所示。

表 4-8 弧焊程序点说明

程序点	说明	程序点	说明	程序点	说明
程序点 1	作业临近点	程序点 4	作业过渡点	程序点 7	焊接中间点
程序点 2	焊接开始点	程序点 5	焊接开始点	程序点 8	焊接结束点
程序点 3	焊接结束点	程序点 6	焊接中间点	程序点 9	作业临近点

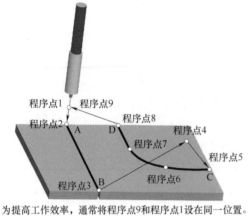

为提高工作效率，通常将程序点9和程序点1设在同一位置。

图 4-12 弧焊机器人运动轨迹

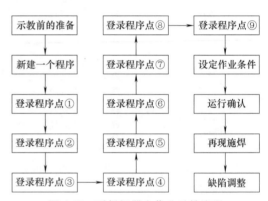

图 4-13 弧焊机器人作业示教流程

（1） TCP 确定

同点焊机器人 TCP 设置有所不同，弧焊机器人 TCP 一般设置在焊枪尖头，而激光焊接机器人 TCP 设置在激光焦点上，如图 4-14 所示。实际作业时，需根据作业位置和板厚调整焊枪角度。以平（角）焊为例，主要采用前倾角焊（前进焊）和后倾角焊（后退焊）两种方式，如图 4-15 所示。

图 4-14 弧焊机器人 TCP

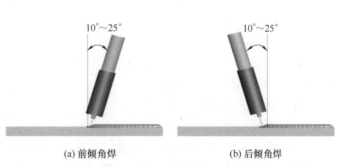

(a) 前倾角焊　　　　　(b) 后倾角焊

图 4-15 前倾角焊和后倾角焊

如板厚相同，焊枪角度基本上为 10°～25°，焊枪立得太直或太倒的话，难以产生熔深。前倾角焊接时，焊枪指向待焊部位，焊枪在焊丝后面移动，因电弧具有预热效果，焊接速度较快、熔深浅、焊道宽，所以一般薄板的焊接采用此法；而后倾角焊接时，焊枪指向已完成的焊缝，焊枪在焊丝前面移动，能够获得较大的熔深、焊道窄，通常用于厚板的焊接。同时，在板对板的连接之中，焊枪与坡口垂直。对于对称的平角焊而言，焊枪要与拐角呈45°，如图 4-16 所示。

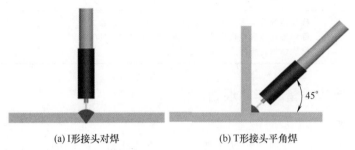

(a) I形接头对焊　　　　　　　　(b) T形接头平角焊

图 4-16　焊枪作业姿态

（2）操作

① 示教前的准备

a. 工件表面清理。

b. 工件装夹。

c. 安全确认。

d. 机器人原点确认。

② 新建作业程序　点按示教器的相关菜单或按钮，新建一个作业程序"Arc_sheet"。

③ 程序点的登录　如表 4-9 所示，手动操纵机器人分别移动到程序点 1 至程序点 9 位置。作业位置附近的程序点 1 和程序点 9，要处于与工件、夹具互不干涉的位置。

表 4-9　弧焊作业示教

程序点	示教方法
程序点 1 （作业临近点）	❶手动操纵机器人要领移动机器人到作业临近点，调整焊枪姿态。 ❷将程序点属性设定为"空走点"，插补方式选"直线插补"。 ❸确认保存程序点 1 为作业临近点
程序点 2 （焊接开始点）	❶保持焊枪姿态不变，移动机器人到直线作业开始点。 ❷将程序点属性设定为"焊接点"，插补方式选"直线插补"。 ❸确认保存程序点 2 为直线焊接开始点。 ❹如有需要，手动插入弧焊作业命令
程序点 3 （焊接结束点）	❶保持焊枪姿态不变，移动机器人到直线作业结束点。 ❷将程序点属性设定为"空走点"，插补方式选"直线插补"。 ❸确认保存程序点 3 为直线焊接结束点
程序点 4 （作业过渡点）	❶保持焊枪姿态不变，移动机器人到作业过渡点。 ❷将程序点属性设定为"空走点"，插补方式选"PTP"。 ❸确认保存程序点 4 为作业过渡点
程序点 5 （焊接开始点）	❶保持焊枪姿态不变，移动机器人到圆弧作业开始点。 ❷将程序点属性设定为"焊接点"，插补方式选"圆弧插补"。 ❸确认保存程序点 5 为圆弧焊接开始点
程序点 6 （焊接中间点）	❶保持焊枪姿态不变，移动机器人到圆弧作业中间点。 ❷将程序点属性设定为焊接点，插补方式选"圆弧插补"。 ❸确认保存程序点 6 为圆弧焊接中间点

程序点	示教方法
程序点 7 (焊接中间点)	❶保持焊枪姿态不变,移动机器人到圆弧作业中间点。 ❷将程序点属性设定为"焊接点",插补方式选"圆弧插补"。 ❸确认保存程序点 7 为圆弧焊接中间点
程序点 8 (焊接结束点)	❶保持焊枪姿态不变,移动机器人到直线作业结束点。 ❷将程序点属性设定为"空走点",插补方式选"直线插补"。 ❸确认保存程序点 8 为直线焊接结束点
程序点 9 (作业临近点)	❶保持焊枪姿态不变,移动机器人到作业临近点。 ❷将程序点属性设定为"空走点",插补方式选"PTP"。 ❸确认保存程序点 9 为作业临近点

4.1.4 轨迹类周边设备的作业规划

(1)清枪装置

如图 4-17 所示,焊枪自动清枪站主要包括焊枪清洗机、喷硅油/防飞溅装置和焊丝剪断装置(剪丝机构)组成。焊枪清洗机主要功能是清除喷嘴内表面的飞溅,以保证保护气体的通畅;喷硅油/防飞溅装置喷出的防溅液可以减少焊渣的附着,降低维护频率;焊丝剪断装置主要用于利用焊丝进行起始点检测的场合,以保证焊丝的干伸长度一定,提高检出的精度和起弧的性能,其结构如图 4-18 所示,表 4-10 为清枪动作程序点说明。

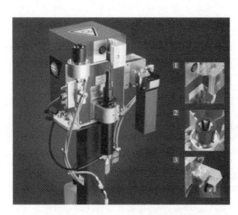

图 4-17 焊枪自动清枪站

1—焊枪清洗机;2—喷化器;3—剪丝机构

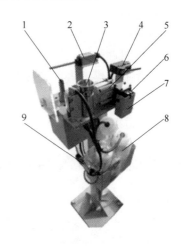

图 4-18 剪丝清洗装置

1—清渣头;2—清渣电机开关;3—喷雾头;
4—剪丝气缸开关;5—剪丝气缸;6—剪丝刀;
7—剪丝收集盒;8—润滑油瓶;9—电磁阀

表 4-10 清枪动作程序点说明

程序点	说明	程序点	说明	程序点	说明
程序点 1	移向剪丝位置	程序点 6	移向清枪位置	程序点 11	喷油前一点
程序点 2	剪丝前一点	程序点 7	清枪前一点	程序点 12	喷油位置
程序点 3	剪丝位置	程序点 8	清枪位置	程序点 13	喷油前一点
程序点 4	剪丝前一点	程序点 9	清枪前一点	程序点 14	焊枪抬起
程序点 5	焊枪抬起	程序点 10	焊枪抬起	程序点 15	回到原点位置

（2）喷枪清理装置

为防止涂装作业中污物堵塞喷枪气路，亦适应不同工件涂装时颜色不同，需要对喷枪进行清理，常用设备如图 4-19 所示。清洗装置在对喷枪清理时一般经过四个步骤：空气自动冲洗、自动清洗、自动溶剂冲洗、自动通风排气，其编程需要 5～7 个程序点。程序点说明见表 4-11。

表 4-11　喷枪动作程序点说明

程序点	说明	程序点	说明
程序点 1	移向清枪位置	程序点 4	喷枪抬起
程序点 2	清枪前一点	程序点 5	移出清枪位置
程序点 3	清枪位置		

图 4-19　Uni-ram UG4000 自动喷枪清理机

4.2 ｜ 轨迹程序的编制

4.2.1　常用运动指令

4.2.1.1　绝对位置运动指令（MoveAbsJ）

绝对位置运动指令是机器人的运动使用 6 个轴和外轴的角度值来定义目标位置数据，

图 4-20　绝对位置运动指令

MoveAbsJ 常用于机器人 6 个轴回到机械零点（0°）的位置，如图 4-20 所示。指令解析见表 4-12。当然，也有 6 个轴不回到机械零点的，比如搬运工业机器人可设置为第 5 轴为 90°，其他轴为 0°。

注意：运动指令后＋DO，其功能为到达目标点触发 DO 信号。如果有转角区域数据 z，则在转变中间点触发；如果 z 为 fine，则到达目标点触发 DO。

4.2.1.2　线性运动指令（MoveL）

线性运动指令也称直线运动指令。工具的 TCP 按照设定的姿态从起点匀速移动到

表 4-12　指令解析

序号	参数	定义
1	*	目标点名称,位置数据。也可进行定义,如定义为 jpos10
2	\NoEOffs	外轴不带偏移数据
3	v1000	运动速度数据,1000m/s
4	z50	转角区域数据,数值越大,机器人的动作越圆滑与流畅
5	tool1	工具坐标数据
6	wobj1	工件坐标数据

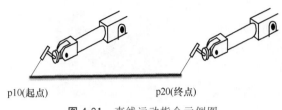

p10(起点)　　　　　p20(终点)

图 4-21　直线运动指令示例图

目标位置点，TCP 运动路径是三维空间中 p10 点到 p20 点的直线运动，如图 4-21 所示。直线运动的起始点是前一运动指令的示教点，结束点是当前指令的示教点，运动特点如下。

① 运动路径可预见。

② 在指定的坐标系中实现插补运动。

③ 机器人以线性方式运动至目标点，当前点与目标点两点决定一条直线，机器人运动状态可控，运动路径保持唯一，可能出现死点，常用于机器人在工作状态移动。

（1）标准指令格式

MoveL[\Conc,]ToPoint,Speed[\V] [\T],zone[\z] [\Inpos],tool[\WObj] [\Corr];

指令格式说明：

① [\Conc,]：协作运动开关。

② ToPoint：目标点，默认为 *，也可进行定义。

③ Speed：运行速度数据。

④ [\V]：特殊运行速度，mm/s。

⑤ [\T]：运行时间控制，s。

⑥ zone：运行转角区域数据。图 4-22 所示为 zone 取不同数值时 TCP 运行的轨迹。zone 指机器人 TCP 不达到目标点，而是在距离目标点一定距离（通过编程确定，如 z10）处圆滑绕过目标点，即圆滑过渡，图 4-22 中的 p1 点。fine 指机器人 TCP 达到目标点（见图 4-22 中的 p2 点），在目标点速度降为零。机器人动作有停顿，焊接编程结束时，必须用 fine 参数。

⑦ [\z]：特殊运行转角，mm。

⑧ [\Inpos]：运行停止点数据。

⑨ tool：工具中心点（TCP）。根据机器人使用工具的不同选择合适的工具坐标系。机器人示教时，要首先确定好工具坐标系。

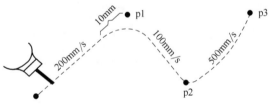

图 4-22　不同转弯半径时 TCP 轨迹示意图

⑩ [\Wobj]：工件坐标系。

⑪ [\Corr]：修正目标点开关。

例如：

MoveL p1,v2000,fine,grip1;

MoveL \Conc, p1,v2000,fine,grip1;

MoveL p1,v2000\V:=2200,z40\z:45,grip1;

MoveL p1,v2000,z40,grip1\WObj:=wobjTable;

MoveL p1,v2000,fine\ Inpos:=inpos50, grip1;

MoveL p1,v2000,z40,grip1\corr;

（2）常用指令格式

MoveL 直线运动指令的常用格式如图 4-23 所示。

在图 4-23 中，MoveL 表示直线运动指令；p1 表示一个空间点，即直线运动的目标位

工业机器人应用编程自学·考证·上岗一本通（初级）

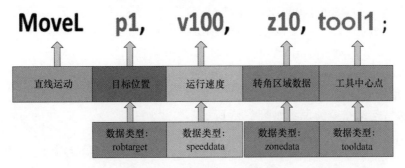

图 4-23　直线运动指令示意图

置；v100 表示机器人运行速度为 100mm/s；z10 表示转弯半径为 10mm；tool1 表示选定的工具坐标系。

4.2.1.3　关节运动指令（MoveJ）

程序一般起始点使用 MoveJ 指令。机器人将 TCP 沿最快速轨迹送到目标点，机器人的姿态会随意改变，TCP 路径不可预测。机器人最快速的运动轨迹通常不是最短的轨迹，因而关节轴运动不是直线。由于机器人轴的旋转运动，弧形轨迹会比直线轨迹更快。运动示意图如图 4-24 所示。运动特点如下。

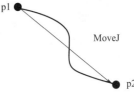

图 4-24　运动指令示意图

① 运动的具体过程是不可预见的。

② 6 个轴同时启动并且同时停止。

③ 机器人以最快捷的方式运动至目标点，机器人运动状态不完全可控，但运动路径保持唯一，常用于机器人在空间大范围移动。

使用 MoveJ 指令可以使机器人的运动更加高效快速，也可以使机器人的运动更加柔和，但是关节轴运动轨迹是不可预见的，所以使用该指令务必确认机器人与周边设备不会发生碰撞。

（1）标准指令格式

MoveJ[\Conc,]ToPoint,Speed[\V] [\T],zone[\z] [\Inpos],tool[\WObj]；

指令格式说明：

① [\Conc,]：协作运动开关。

② ToPoint：目标点，默认为 *。

③ Speed：运行速度数据。

④ [\V]：特殊运行速度，mm/s。

⑤ [\T]：运行时间控制，s。

⑥ zone：运行转角区域数据。

⑦ [\z]：特殊运行转角，mm。

⑧ [\Inpos]：运行停止点数据。

⑨ tool：工具中心点（TCP）。

⑩ [\Wobj]：工件坐标系。

例如：

MoveJ p1,v2000,fine,grip1；

MoveJ\Conc，p1,v2000,fine,grip1；

MoveJ p1,v2000\V：=2200,z40\z：45,grip1；

MoveJ p1,v2000,z40,grip1\Wobj：=wobjTable；

MoveJ\Conc，p1,v2000,fine\Inpos：=inpos50,grip1；

（2）常用指令格式

MoveJ 关节运动指令的说明如图 4-25 所示。

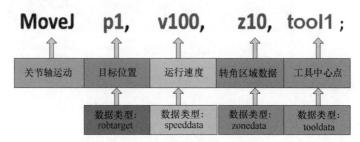

图 4-25　直线运动指令示意图

（3）编程实例

根据如图 4-26 所示的运动轨迹，写出其关节指令程序。

图 4-26 所示的运动轨迹的指令程序如下：

MoveL p1,v200,z10,tool1；

MoveL p2,v100,fine,tool1；

MoveJ p3,v500,fine,tool1；

4.2.1.4　圆弧运动指令（MoveC）

圆弧运动指令也称为圆弧插补运动指令。三点确定唯一圆弧，因此，圆弧运动需要示教三个圆弧运动点，起始点 p1 是上一条运动指令的末端点，p2 是中间辅助点，p3 是圆弧终点，如图 4-27 所示。机器人通过中心点以圆弧移动方式运动至目标点，当前点，中间点与目标点三点决定一段圆弧，机器人运动状态可控，运动路径保持唯一，常用于机器人在工作状态移动。

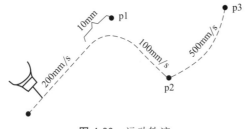

图 4-26　运动轨迹

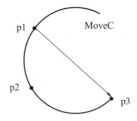

图 4-27　圆弧运动轨迹

（1）标准指令格式

MoveC[\Conc,] CirPoint,ToPoint,Speed[\V] [\T],zone[\z] [\Inpos],tool[\Wobj] [\Corr]；

指令格式说明：

① [\Conc,]：协作运动开关。

② CirPoin：中间点，默认为 ＊。

③ ToPoint：目标点，默认为 ＊ 。

④ Speed：运行速度数据。

⑤ ［\V］：特殊运行速度，mm/s。

⑥ ［\T］：运行时间控制，s。

⑦ zone：运行转角区域数据。

⑧ ［\z］：特殊运行转角，mm。

⑨ ［\Inpos］：运行停止点数据。

⑩ tool：工具中心点（TCP）。

⑪ ［\Wobj］：工件坐标系。

⑫ ［\Corr］：修正目标点开关。

例如：

MoveC p1,p2,v2000,fine,grip1；

MoveC \Conc, p1,p2,v200, \V：＝500,z1\zz：＝5,grip1；

MoveC p1,p2,v2000,z40,grip1\WObj：＝wobjTable；

MoveC p1,p2,v2000,fine\Inpos：＝ 50，grip1；

MoveC p1,p2,v2000, fine,grip1\corr；

（2）常用指令格式

MoveC 圆弧运动指令的说明如图 4-28 所示。

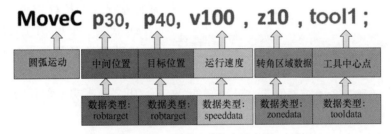

图 4-28 圆弧运动指令示意图

在图 4-28 中，MoveC 表示圆弧运动指令；p30 表示中间空间点；p40 为目标空间点；v100 表示机器人运行速度为 100mm/s；z10 表示转弯半径为 10mm；tool1 表示选定的工具坐标系。

（3）限制

不可能通过一个 MoveC 指令完成一个圆，如图 4-29 所示。

MoveL p1,v500,fine,tool1
MoveC p2,p3,v500,z20,tool1
MoveC p4,p1,v500,fine,tool1

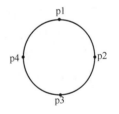

图 4-29 MoveC 指令的限制

4.2.1.5　位置调整指令（Singarea）

可选变量 Wrist 允许改变工具的姿态；Off 不允许改变工具姿态。

注意：只对 MoveL 和 MoveC 有效。

实例：

Singarea Wrist

MoveL....

MoveC......

Singarea Off

4.2.2 FUNCTION 功能

（1） Offs：工件坐标系偏移功能

以选定的目标点为基准，沿着选定工件坐标系的 X、Y、Z 轴方向偏移一定的距离，格式如下。

例如：MoveL Offs(p10,0,0,10),v1000,z50,tool0\WObj：＝wobj1；

将机器人 TCP 移动至以 p10 为基准点，沿着 wobj1 的 Z 轴正方向偏移 10mm 的位置。

（2） Abs: 取绝对值

"Abs" 函数的作用是取绝对值反馈一个参变量。如对操作数 reg5 进行取绝对值的操作，然后将结果赋予 reg1，如图 4-30 所示。

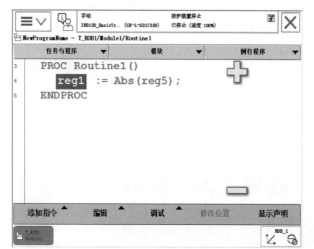

图 4-30 取绝对值

"……

例 4-1

要使机器人沿长 100mm、宽 50mm 的长方形路径运动，机器人的运动路径如图 4-31 所示，机器人从起始点 p1，经过 p2、p3、p4 点，回到起始点 p1。

为了精确确定 p1、p2、p3、p4 点，可以采用 offs 函数，通过确定参变量的方法进行点的精确定位。Offs（p，x，y，z）代表一个离 p1 点 X 轴偏差量为 x，Y 轴偏差量为 y，Z 轴偏差量为 z 的点。

机器人长方形路径的程序如下：

MoveL Offsp1,v100,fine,tool1	p1 点
MoveL Offs(p1,100,0,0),v100,fine,tool1	p2 点
MoveL Offs(p1,100,50,0),v100,fine,tool1	p3 点
MoveL Offs(p1,0,50,0),v100,fine,tool1	p4 点
MoveL Offsp1,v100,fine,tool1	p1 点

……"。

例 4-2

如图 4-32 所示的一个整圆路径，要求 TCP 沿圆心为 p 点，半径为 80mm 的圆运动一周。

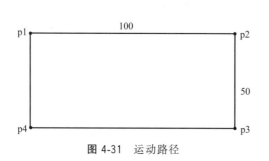

图 4-31 运动路径

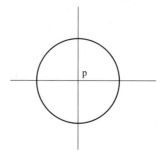

图 4-32 整圆路径

其示教程序如下：

"……

MoveJ　p，v500，z1，tool1；

MoveJ　Offs（p，80，0，0），v500，z1，tool1；

MoveC　Offs（p，40，40，0），Offs（p，0，80，0），v500，z1，tool1；

MoveC　Offs（p，40，−40，0），Offs（p，0，−80，0），v500，z1，tool1；

MoveC　Offs（p，−40，−40，0），Offs（p，0，−80，0），v500，z1，tool1；

MoveC　Offs（p，−40，40，0），Offs（p，0，80，0），v500，z1，tool1；

MoveJ　p，v500，z1，tool1。"。

4.2.3　简单运算指令

（1）赋值指令

"：="赋值指令是用于对程序数据进行赋值，赋值可以是一个常量或数学表达式。

例如：常量赋值：reg1：=5；数学表达式赋值：reg2：=reg1+4。

（2）相加指令 Add

格式：Add 表达式1，表达式2.

作用：将表达式1与表达式2的值相加后赋值给表达式1，相当于赋值指令。即：

表达式1：=表达式1+表达式2；

例如：

Add reg1，3；等价于 reg1：=reg1+3；

Add reg1，−reg2；等价于 reg1：=reg1−reg2；

（3）自增指令 Incr

格式：Incr 表达式1；

作用：将表达式1的值自增1后赋给表达式1。即：

表达式1：=表达式1+1；

例如：

Incr reg1；等价于 reg1：=reg1+1；

（4）自减指令 Decr

格式：Decr 表达式1；

作用：将表达式1的值自减1后赋值给表达式1。即：

表达式1：=表达式1−1；

例如：

Decr reg1；等价于 reg1：=reg1−1；

（5）清零指令 Clear

格式：Clear 表达式1；

作用：将表达式1的值清零。即：

表达式1：=0；

例如：

Clear reg1；等价于 reg1：=0；

4.2.4 ABB 机器人基本运动指令的操作

（1）关节轴运动指令 MoveJ

在程序编辑中插入运动指令 MoveJ 的操作步骤如表 4-13 所示。

表 4-13 插入 MoveJ 指令的操作步骤

操作说明	操作界面
1. 在 ABB 主菜单中选择"手动操纵"确认关键参数（坐标系、工具坐标、工件坐标等）设置是否正确，确认无误后关闭页面	
2. 在 ABB 主菜单中单击"程序编辑器"	
3. 单击"例行程序"	

操作说明	操作界面
4. 单击"文件"→"新建例行程序…"	
5. 单击"ABC…",命名新程序"tiaoshi",单击"确定"	
6. 双击"tiaoshi()",打开例行程序	

第4章 轨迹类工作站的现场编程

操作说明	操作界面
7. 选中"<SMT>",单击"添加指令",单击"MoveJ"	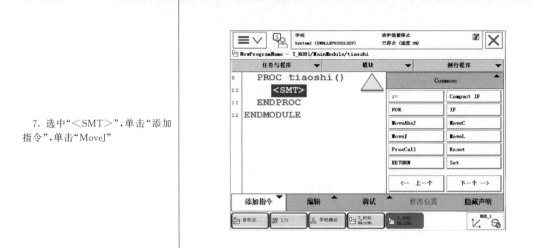
8. 选择"＊",然后单击"编辑",单击"ABC…"	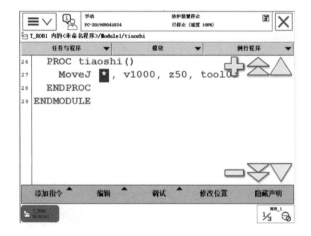
9. 在输入面板中输入"p1",单击"确定"	

操作说明	操作界面
10. 添加指令完成,将手动操作机器人 TCP 到指定 p1 点后,单击"修改位置"即可。同理可继续添加指令点 p2	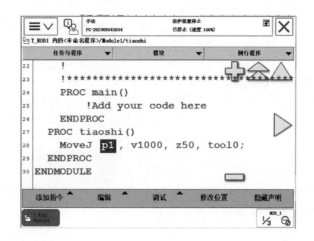
11. 在这里需要说明的是,当一段路径编辑完毕,最后一个空间点的转弯半径必须选择 fine。具体操作为:在最后一个空间点语句中双击"z50"	
12. 选择数据中的"fine",单击"确定"	

操作说明	操作界面
13. 机器人 TCP 的运动空间点插入完毕	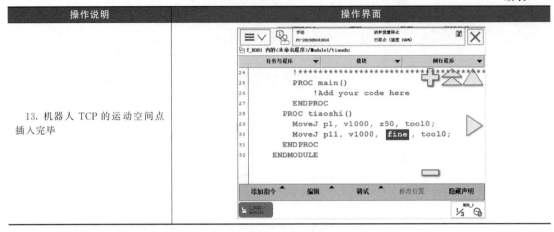

插入 MoveJ 指令的程序如下：

"……

MoveJ p1,v1000,z50,tool0;   p1 点

MoveJ p2,v1000,z50,tool0;   p2 点

……"。

（2）直线运动指令 MoveL

在程序编辑中插入运动指令 MoveL 的操作方法如表 4-14 所示。

表 4-14　插入 MoveL 指令的操作方法

操作说明	操作界面
1. 在 ABB 主菜单中单击"手动操纵"确认关键参数（坐标系、工具坐标、工件坐标等）设置是否正确，确认无误后关闭页面	
2. 在 ABB 主菜单中单击"程序编辑器"	

操作说明	操作界面
3. 单击"例行程序"	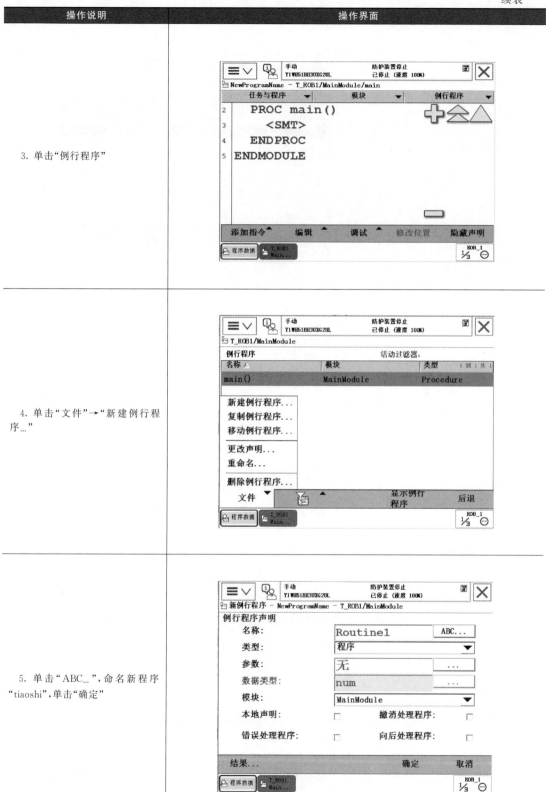
4. 单击"文件"→"新建例行程序…"	
5. 单击"ABC…",命名新程序"tiaoshi",单击"确定"	

操作说明	操作界面
6. 双击"tiaoshi( )",打开例行程序	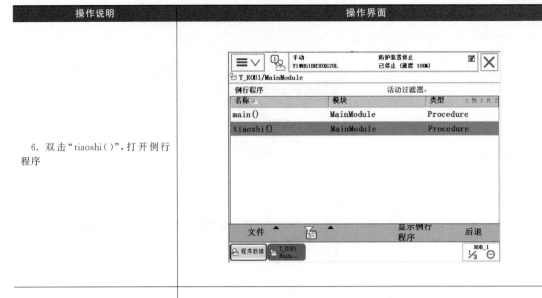
7. 选中"＜SMT＞",单击"添加指令",单击"MoveL"	
8. 选择"＊",然后选择"编辑",单击"ABC..."	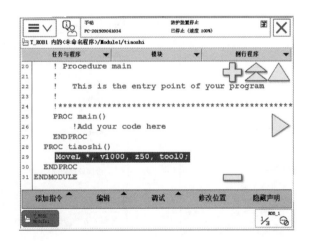

操作说明	操作界面
9. 在输入面板中输入"p1",单击"确定"	
10. 添加指令完成。同理可继续添加指令点 p2	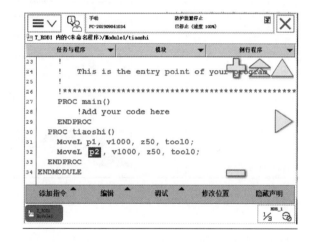
11. 在这里需要说明的是,当一段路径编辑完毕,最后一个空间点的转弯半径必须选择 fine。具体操作为:在最后一个空间点语句中双击"z50"	

第4章 轨迹类工作站的现场编程

操作说明	操作界面
12. 选择数据中的"fine"，单击"确定"	
13. 机器人的 TCP 从 p1 点至 p2 点的直线运动程序编辑完毕	

插入 MoveL 指令的程序如下：

"……

MoveL p1,v1000,z50,tool0;　　　　　　　　　　　　　　　　p1 点

MoveL p2,v1000,z50,tool0;　　　　　　　　　　　　　　　　p2 点

……"。

在上述的运动指令中，对于 p1、p2 和 p3 位置点的确定需要操作人员手动将机器人的 TCP 运动到这些位置点上，精确度受人为操作影响而得不到保障。在示教器编程中，可以采用 offs 函数精确确定运动路径的准确数值。

（3）圆周运动指令 MoveC

在程序编辑中插入运动指令 MoveC 的操作方法如表 4-15 所示。

插入 MoveC 指令的程序如下：

"……

MoveJ p1,v1000,z50,tool0;　　　　　　　　　　　　　　　　p1 点

MoveC p2,p3,v1000,fine,tool0;　　　　　　　　　　　　　p2 和 p3 点

……"。

与直线运动指令 MoveL 一样，也可以使用 Offs 函数精确定义运动路径。

表 4-15　插入 MoveC 指令操作方法

操作说明	操作界面
1. 在 ABB 主菜单中选择"手动操纵"确认关键参数（坐标系、工具坐标、工件坐标等）设置是否正确，确认无误后关闭页面	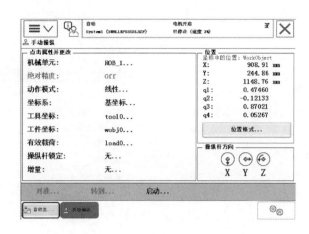
2. 在 ABB 主菜单中单击"程序编辑器"	
3. 单击"例行程序"	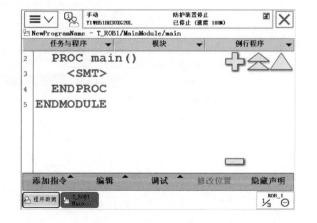

操作说明	操作界面
4. 单击"文件"→"新建例行程序…"	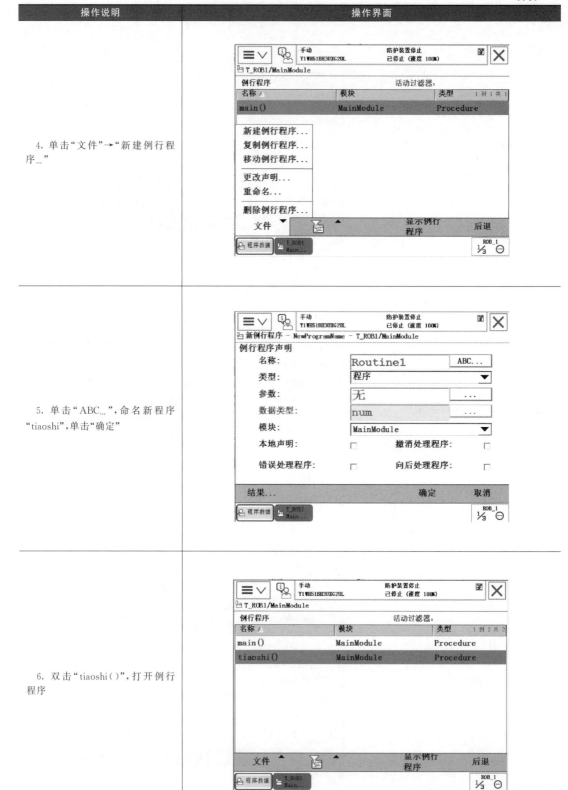
5. 单击"ABC…"，命名新程序"tiaoshi"，单击"确定"	
6. 双击"tiaoshi( )"，打开例行程序	

操作说明	操作界面
7. 选中"<SMT>"，单击"添加指令"，选择"Move"	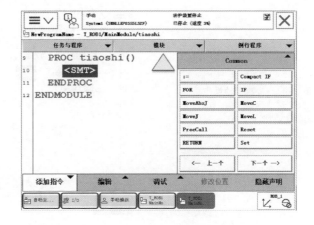
8. 选择"＊"，然后单击"编辑"，单击"ABC..."	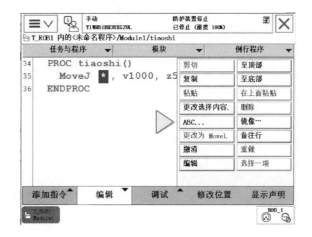
9. 在输入面板中输入"p1"，单击"确定"	

操作说明	操作界面
10. 添加指令完成, 手动操作机器人将 TCP 移动到指定 p1 点后, 单击"修改位置"即可。p1 就是圆弧运动的起点	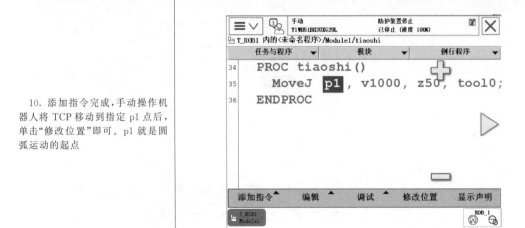
11. 单击"添加指令", 单击"MoveC"	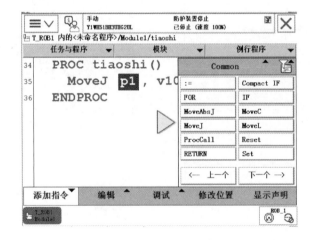
12. 在弹出的对话框中单击"下方"后, 插入 MoveC 指令	

操作说明	操作界面
	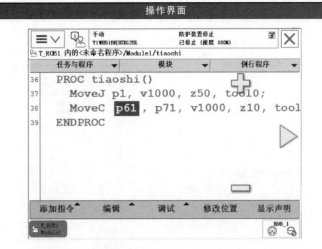
13. 相应地选中"p61"和"p71"，在"编辑"中选择"ABC..."分别修改为 p2 和 p3，将转弯半径选择"fine"	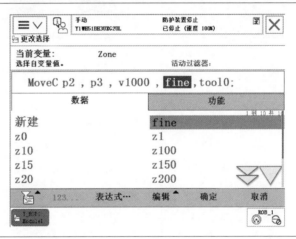
14. 分别选中 p2 和 p3，手动操作机器人 TCP 到指定 p2 和 p3 点后，单击"修改位置"记录下位置点。插入 MoveC 指令完成	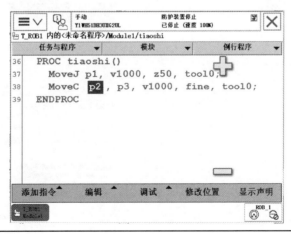

4.2.5 FUNCTION 功能的操作

（1）Offs：工件坐标系偏移功能

以"p20:=Offs(p10, 100, 200, 300);"为例来介绍，其操作步骤如表 4-16 所示。

表 4-16　Offs 操作步骤

步骤	说明	图示
1	单击左下角"添加指令"	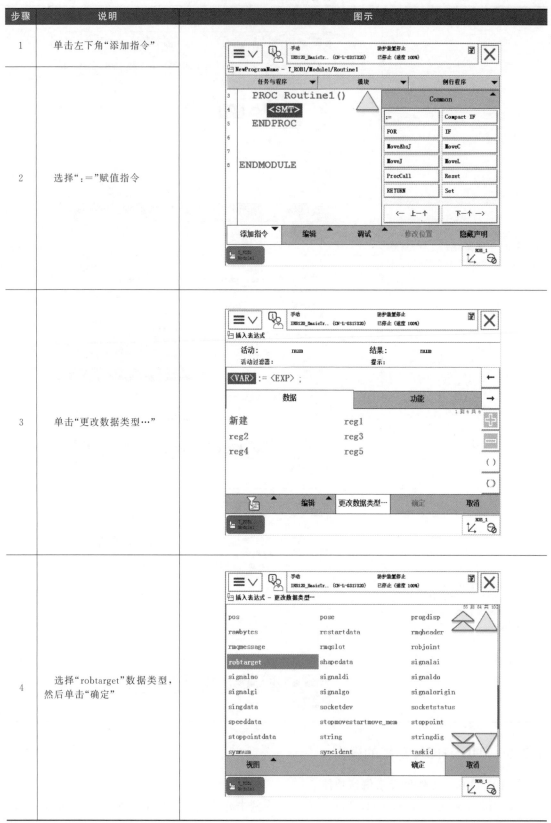
2	选择"：="赋值指令	
3	单击"更改数据类型…"	
4	选择"robtarget"数据类型，然后单击"确定"	

步骤	说明	图示
5	单击"新建"	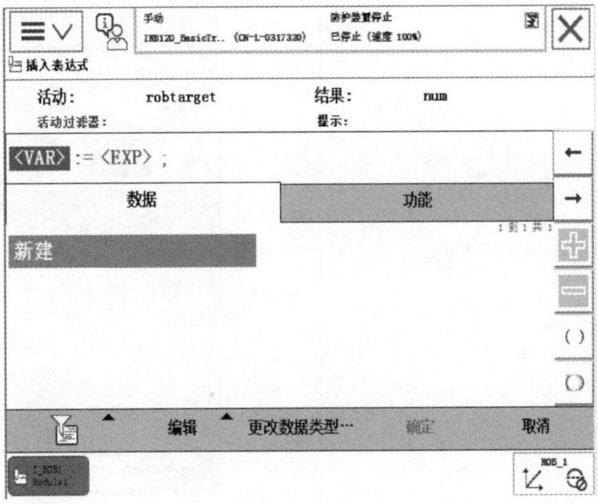
6	选择"变量",单击"确定"	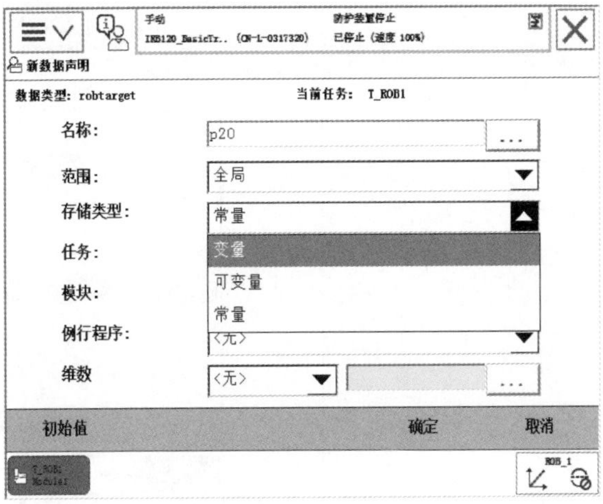
7	选中"＜EXP＞"	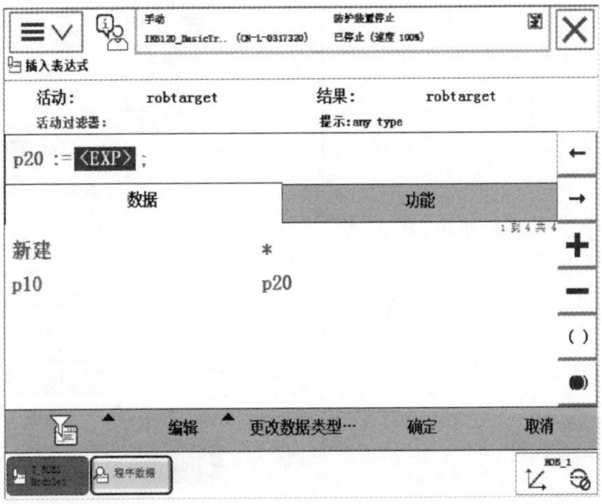
8	单击"功能"标签	

第4章 轨迹类工作站的现场编程

步骤	说明	图示
9	选择"Offs()"功能	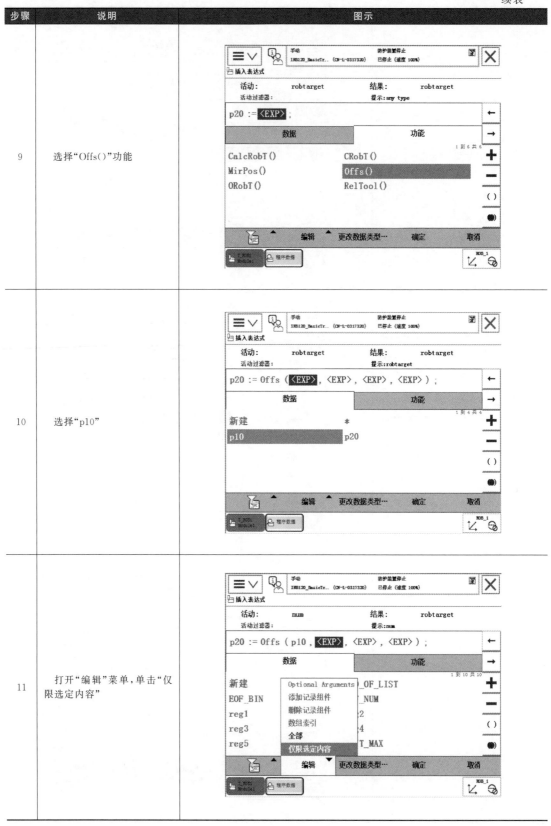
10	选择"p10"	
11	打开"编辑"菜单,单击"仅限选定内容"	

步骤	说明	图示
12	输入 100(基于 p10 点的 X 方向偏移 100mm),然后单击"确定"	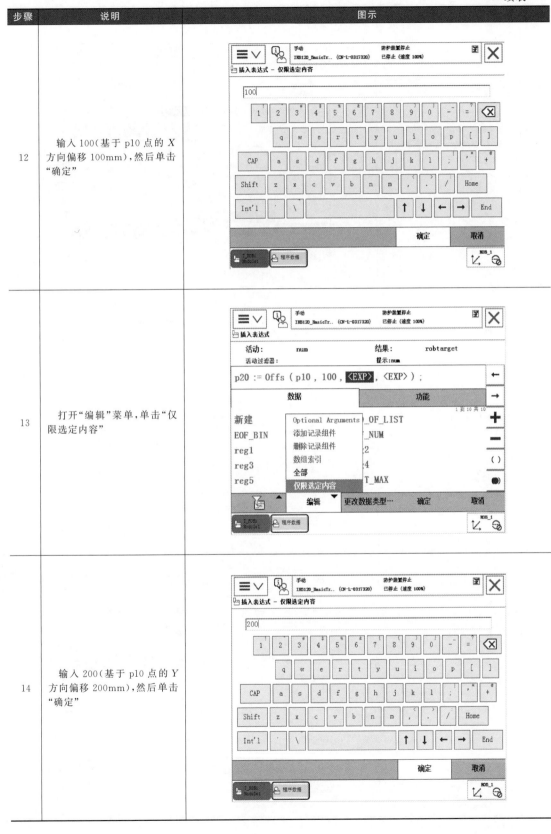
13	打开"编辑"菜单,单击"仅限选定内容"	
14	输入 200(基于 p10 点的 Y 方向偏移 200mm),然后单击"确定"	

步骤	说明	图示
15	打开编辑菜单，单击"仅限选定内容"	
16	输入 300（基于 p10 点的 Z 方向偏移 300mm），然后单击"确定"	
17	单击"确定"	

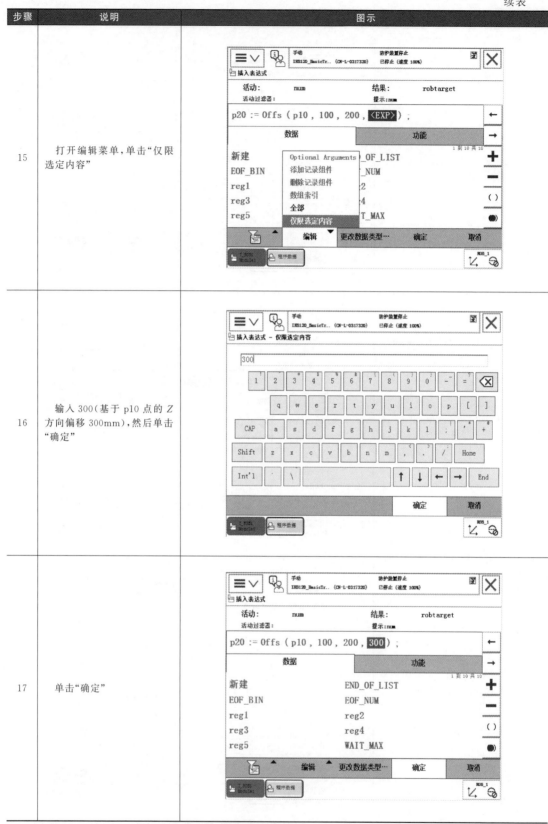

步骤	说明	图示
18	操作完成	

（2）Abs: 取绝对值

以"reg1：＝Abs（reg5）"为例来介绍，其操作步骤如表 4-17 所示。

表 4-17　Abs 操作步骤

步骤	说明	图示
1	单击左下角"添加指令"	
2	选择"：＝"赋值指令	
3	单击"更改数据类型…"	

步骤	说明	图示
4	选择"num"数据类型,然后单击"确定"	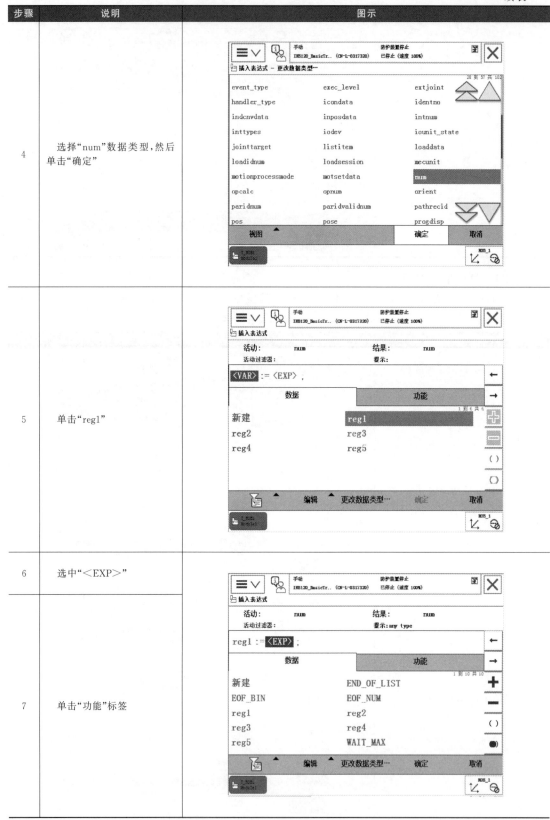
5	单击"reg1"	
6	选中"<EXP>"	
7	单击"功能"标签	

步骤	说明	图示
8	选择"Abs()"功能	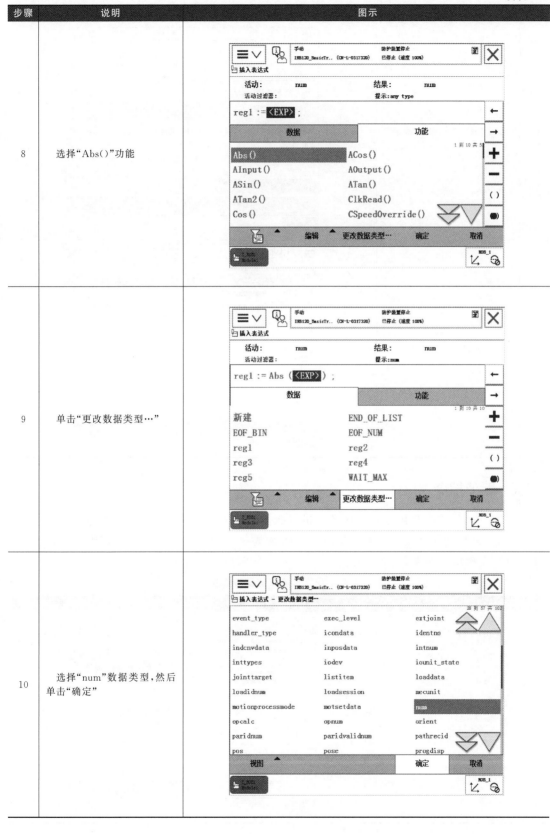
9	单击"更改数据类型…"	
10	选择"num"数据类型,然后单击"确定"	

步骤	说明	图示
11	选择"reg5"后,单击"确定"	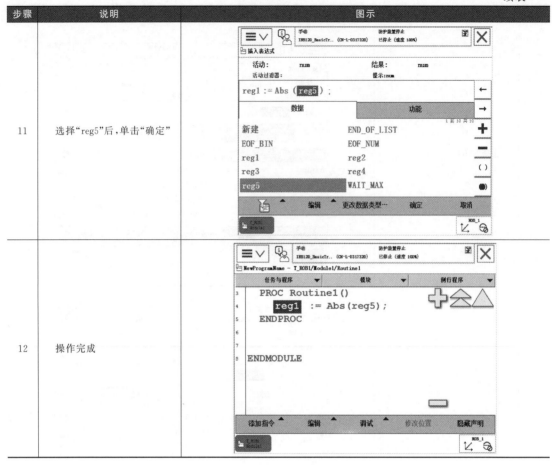
12	操作完成	

4.2.6 赋值指令

":="赋值指令是用于对程序数据进行赋值,赋值可以是一个常量或数学表达式。

例如:常量赋值"reg1:=5;"操作步骤如表 4-18 所示。数学表达式赋值"reg2:=reg1+4"操作步骤如表 4-19 所示。

表 4-18　常量赋值操作步骤

步骤	说明	图示
1	单击左下角"添加指令"	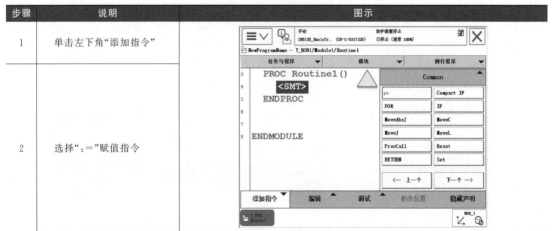
2	选择":="赋值指令	

步骤	说明	图示
3	单击"更改数据类型…"	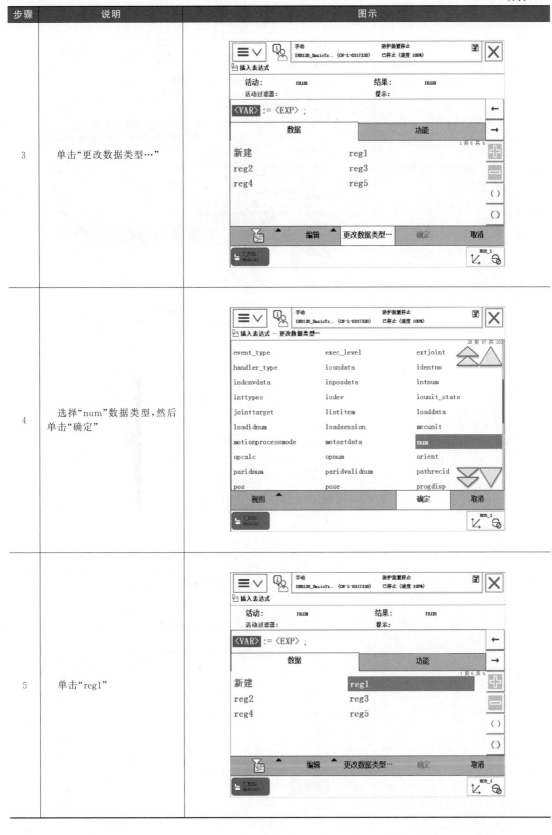
4	选择"num"数据类型,然后单击"确定"	
5	单击"reg1"	

第4章 轨迹类工作站的现场编程

187

步骤	说明	图示
6	选中"<EXP>"	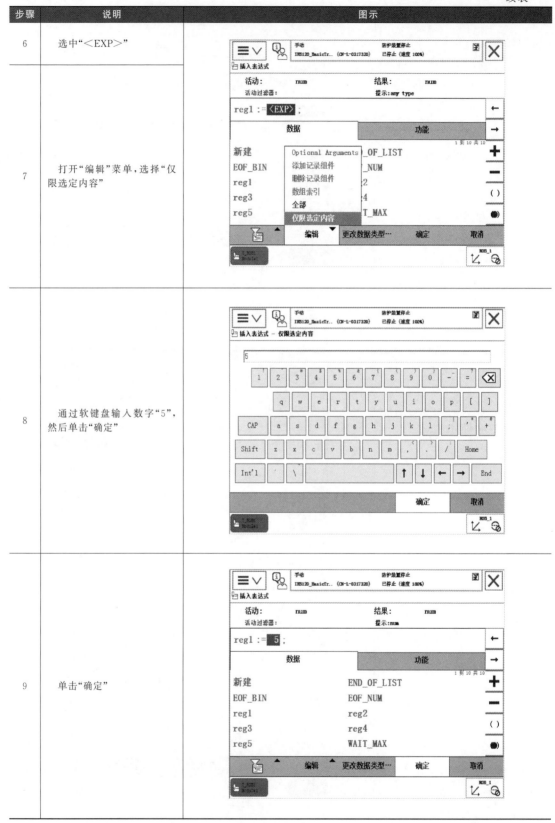
7	打开"编辑"菜单,选择"仅限选定内容"	
8	通过软键盘输入数字"5",然后单击"确定"	
9	单击"确定"	

步骤	说明	图示
10	完成	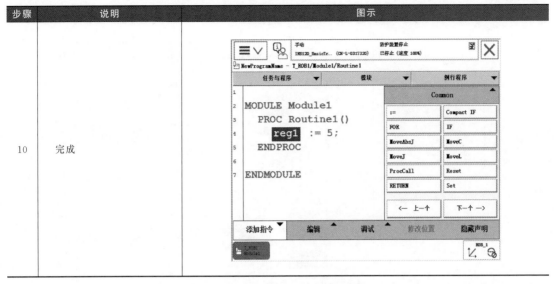

表 4-19　数学表达式赋值操作步骤

步骤	说明	图示
1	单击左下角"添加指令"	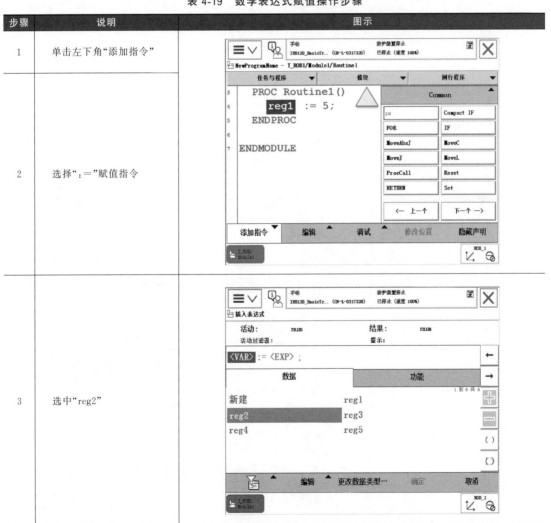
2	选择"：="赋值指令	
3	选中"reg2"	

步骤	说明	图示
4	选中"＜EXP＞"并蓝色高亮显示	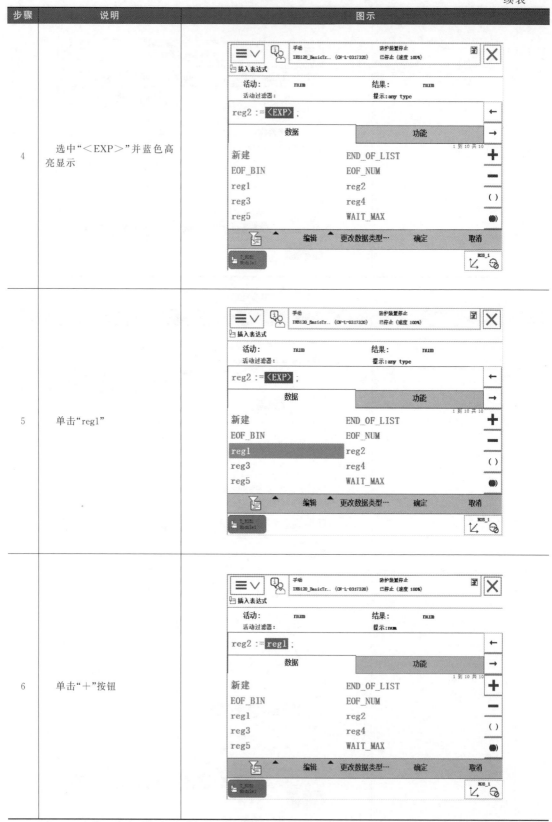
5	单击"reg1"	
6	单击"＋"按钮	

步骤	说明	图示
7	选中"<EXP>"并蓝色高亮显示	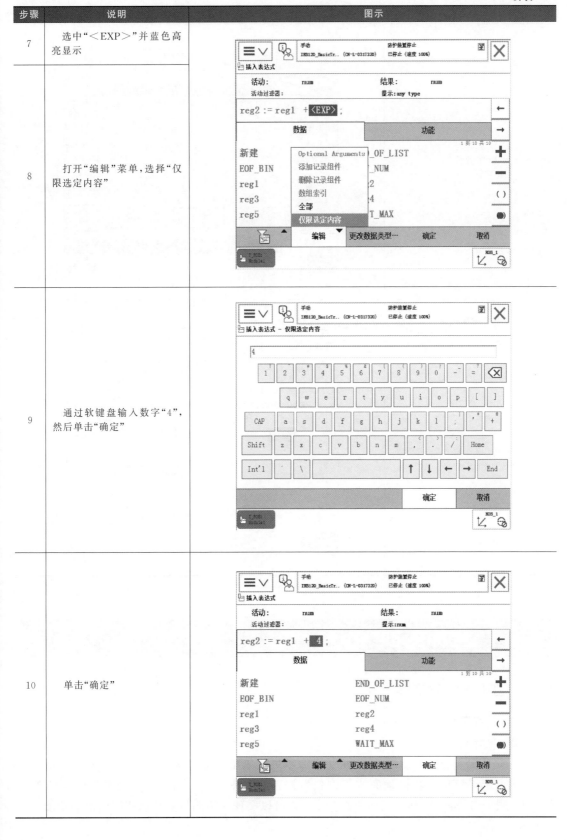
8	打开"编辑"菜单,选择"仅限选定内容"	
9	通过软键盘输入数字"4",然后单击"确定"	
10	单击"确定"	

步骤	说明	图示
11	单击"下方"	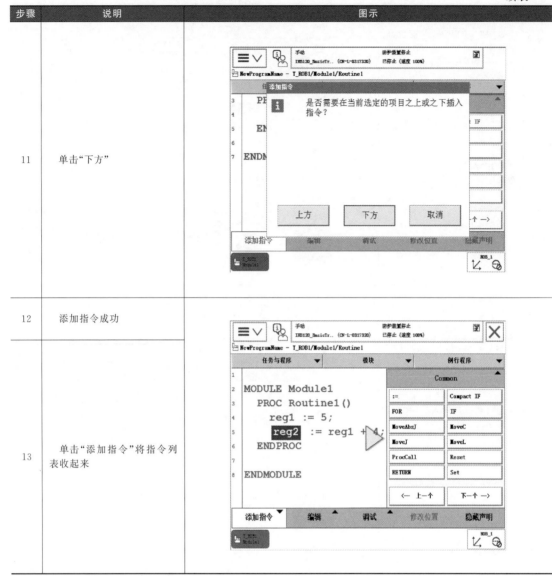
12	添加指令成功	
13	单击"添加指令"将指令列表收起来	

4.3 坐标变换

4.3.1 工件坐标系变换

（1）坐标平移（表4-20）

（2）坐标转换

使用坐标转换指令 PDispOn，可以使工业机器人坐标通过编程进行实时转换，通常在运动轨迹保持不变时，快捷地完成工作位置修正。如图 4-33 所示，p20 为平移转换的参考点，使用指令 PDispOn 转换后的坐标为 p10，可以实现在不同位置绘制相同图形的功能。

表 4-20 坐标平移

步骤	说明	图示
1	建立工件坐标系	
2	打开程序，添加赋值指令，将工件坐标系数据 wobj_Plane2 赋值给 wobj_Temp	
3	编写并调试程序	
4	添加赋值指令，单击"更改数据类型…"	
5	找到并选中"wobjdata"，单击"确定"	

步骤	说明	图示
6	选中"wobj_Temp",单击"编辑",在弹出菜单选择"添加记录组件"	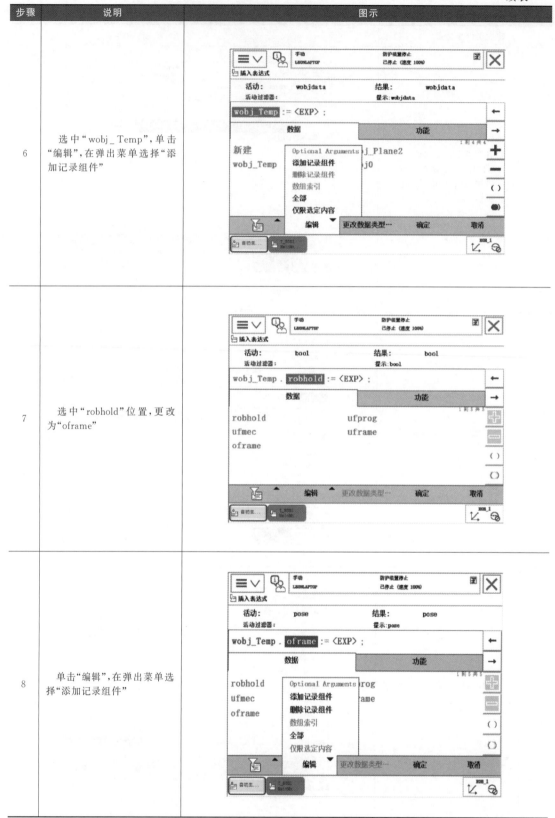
7	选中"robhold"位置,更改为"oframe"	
8	单击"编辑",在弹出菜单选择"添加记录组件"	

步骤	说明	图示
9	选中"trans",单击"编辑",在弹出菜单选择"添加记录组件"	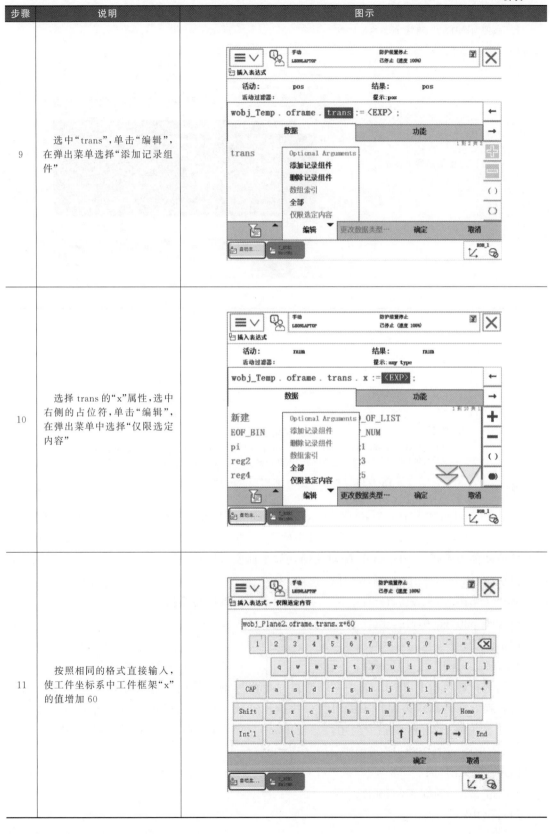
10	选择 trans 的"x"属性,选中右侧的占位符,单击"编辑",在弹出菜单中选择"仅限选定内容"	
11	按照相同的格式直接输入,使工件坐标系中工件框架"x"的值增加 60	

步骤	说明	图示
12	按照同样的方式,将"y"的值也增加 60。 wobj_Temp. oframe. trans. y:= wobj_Plane2. oframe. trans. y+60;	
13	将绘图程序复制到坐标系运算指令	
14	编写完成后,再次运行程序	

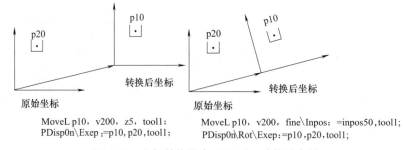

MoveL p10, v200, z5, tool1;
PDisp0n\Exep:=p10,p20,tool1;

MoveL p10, v200, fine\Inpos: =inpos50,tool1;
PDisp0n\Rot\Exep:=p10,p20,tool1;

图 4-33 坐标转换指令 PDispOn 功能示意图

指令 PDispOn 参数有:\[Rot]\[ExeP]\[Tool]\[Wobj]。其中,[Rot] 为坐标旋转开关;[Exep] 为运行起始点;Tool 为工具坐标系;[Wobj] 为工件坐标系。指令 PDispOn 与坐标转换功能失效指令 PDispOff 配对使用,如下面实例所示。

PDispOnExep:=p10,p11,tool1;

MoveL p20,v500,z10,tool1;　　　　　　　　　! 坐标转换指令生效

MoveL p30,v500,z10,tool1;

PDispOff;

MoveL p50,v500,z10,tool1;　　　　　　　　　! 坐标转换指令失效

使用坐标转换指令 PDispSet,可以通过设定坐标偏差量使工业机器人坐标通过编程进行实时转换,在运动轨迹保持不变时,可快捷地完成工作位置修正。如下面实例所示为沿 X 方向坐标偏移 100mm 的指令应用,当使用 PDispOff 指令时,坐标转换指令失效。

VAR pose xp100:=[[100,0,0],[1,0,0,0]];

PDispSet xp100;　　　　　　　　　　　　! 坐标转换指令生效

MoveL p20,v500,z10,tool1;

PDispOff;

MoveL p30,v500,z10,tool1;   ! 坐标转换指令失效

① 指定点坐标变换操作步骤见表 4-21。

表 4-21   指定点坐标变换操作步骤

步骤	说明	图示
1	创建程序 L1P6T3,创建工件坐标数据 wobj_Plane3	
2	选择工件坐标系 wobj_Plane3,编写运行程序	
3	将机器人移动至绘图板上三角形外部,改变位姿,声明位置变量 p40	
4	在程序中,添加"PDispOn"指令	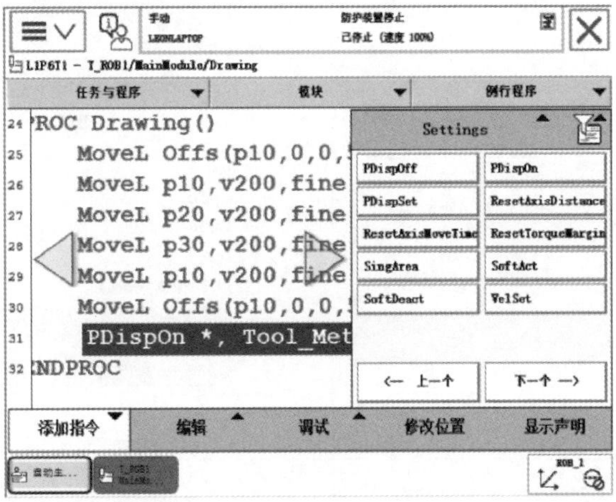
5	单击"PDispOn",单击"可选变量"	

第 4 章   轨迹类工作站的现场编程

步骤	说明	图示
6	分别选中"\ExeP""\WObj"参数,单击"使用",完成后单击"关闭"	
7	回到更改选择界面,将平移参考点位置设为 p40 和 p10,工件坐标系设为"wobj_plane",完成后单击"确定"	
8	添加"PDispOff"指令	

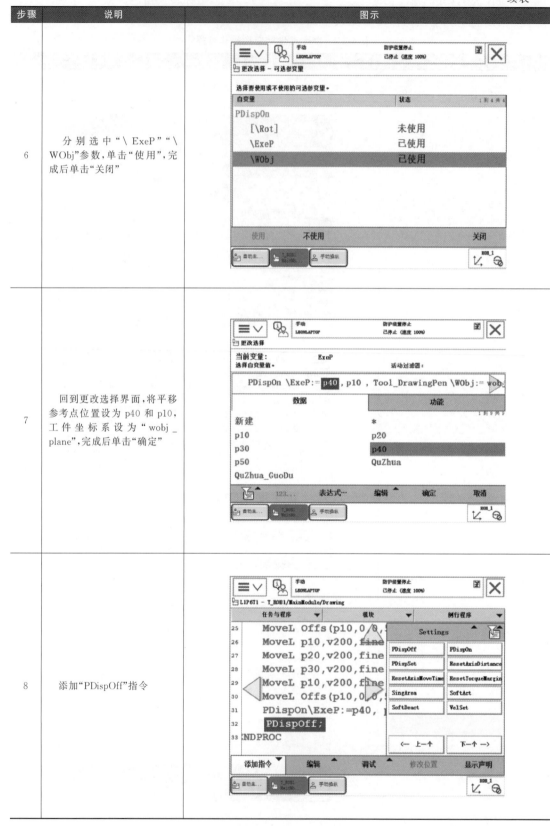

步骤	说明	图示
9	在位置偏置指令"PDispOn"和"PDispOff"中间复制程序	
10	运行程序,可见发生了位移	
11	启用 PDispOn 指令的"\Rot"参数	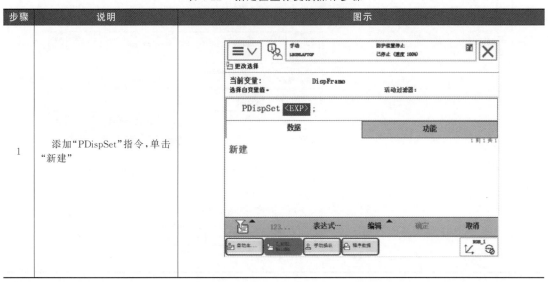
12	再次运行程序,观察工业机器人运行状态和图形位置、形状。新图形发生了位移和旋转	

② 指定值坐标变换操作步骤见表 4-22。

表 4-22 指定值坐标变换操作步骤

步骤	说明	图示
1	添加"PDispSet"指令,单击"新建"	

步骤	说明	图示
2	单击"初始值"	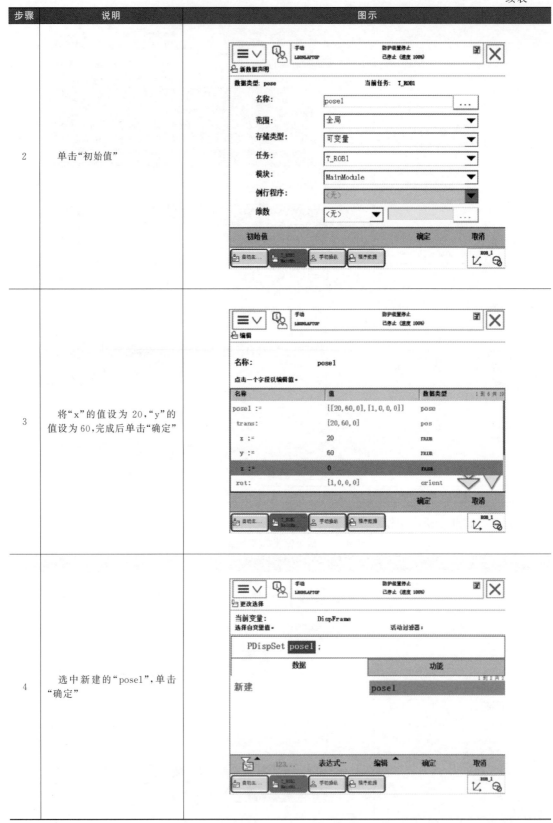
3	将"x"的值设为 20,"y"的值设为 60,完成后单击"确定"	
4	选中新建的"pose1",单击"确定"	

步骤	说明	图示
5	添加"PDispOff"指令,在"PDispOn"和"PDispOff"中间复制程序	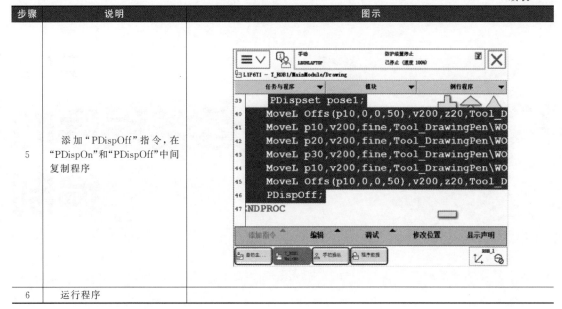
6	运行程序	

4.3.2　工具坐标系偏移功能

RelTool 同样为偏移指令,而且可以设置角度偏移,但其参考的坐标系为工具坐标系,如:

MoveL RelTool (p10,0,0,10\Rx:=0\Ry:=0\Rz:=45),v1000,z50,tool1;

则机器人 TCP 移动至以 p10 为基准点、沿着 tool1 坐标系 Z 轴正方向偏移 10mm 的位置,且 TCP 沿着 tool1 坐标系 Z 轴旋转 45°。

第4章　轨迹类工作站的现场编程

第5章

搬运类程序的编制

工业机器人搬运类工作站的任务是由机器人完成工件的搬运，通常包括图 5-1 所示的搬运、码垛、上下料、包装等，有些装配机器人也属于这种类型。

(a) 搬运机器人

(b) 码垛工业机器人

(c) 上下料机器人

(d) 包装机器人

(e) 装配机器人

图 5-1　工业机器人搬运类工作站

5.1.1 指令介绍

（1）常用 I/O 指令

I/O 控制指令用于控制 I/O 信号，以达到与机器人周边设备进行通信的目的。

① Set 指令　Set 指令是将数字输出信号置为 1。

例如：

Set do1；

将数字输出信号 do1 置为 1。

② Reset 指令　Reset 指令是将数字输出信号置为 0。

例如：

Reset do1；

将数字输出信号 do1 置为 0。

如果在 Set、Reset 指令前有运动指令 MoveJ、MoveL、MoveC、MoveAbsj 的转变区数据必须使用 fine 才可以准确到达目标点后输出 I/O 信号状态的变化。

（2）等待指令

① WaitTime 指令　WaitTime 是指等待指定时间，s。

例如：

WaitTime 0.8；

程序运行到此处暂时停止 0.8s 后继续执行。

② WaitUntil 指令　指令的作用是等待条件成立，并可设置最大等待时间以及超时标识。

应用举例：WaitUntil reg1＝5\MaxTime：＝6\TimeFlag：＝bool1；

执行结果：等待数值型数据 reg1 变为 5，最大等待时间为 6s，若超时则 bool1 被赋值为 TRUE，程序继续执行下一条指令；若不设最大等待时间，则指令一直等待直至条件成立。

WaitUntil 信号判断指令，可用于布尔量、数字量和 I/O 信号值的判断，如果条件到达指令中的设定值，程序继续往下执行，否则就一直等待，除非设定了最大等待时间。

③ WaitDI 指令　WaitDI 指令的功能是等待一个输入信号状态为设定值。

例如：

WaitDI di1，1；

等待数字输入信号 di1 为 1，之后才执行下面命令。

也可设置最大等待时间以及超时标识。

应用举例：WaitDI di1,1\MaxTime：＝5\TimeFlag：＝bool1；

执行结果：等待数字输入信号 di1 变为 1，最大等待时间为 5s，若超时则 bool1 被赋值为 TRUE，程序继续执行下一条指令；若不设最大等待时间，则指令一直等待直至信号变为指定数值。

说明：

WaitDI di1，1；等同于 WaitUntil di1＝1；另外，WaitUntil 应用更为广泛，其等待的后面条件为 TRUE 才继续执行，如：

WaitUntil bRead＝FALSE；

WaitUntil num1＝1；

④ WaitDO 指令　WaitDO 数字输出信号判断指令用于判断数字输出信号的值是否与目标一致。

指令格式为 WaitDO do1,1；

执行此指令时，等待 do1 的值为 1，如果 do1 为 1，则程序继续往下执行；如果到达最大等待时间（如 300s，此时间可根据实际进行设定）以后，do1 的值还不为 1，则机器人报警或进行出错处理程序。

（3）设定数字输出信号的值（SetDo）指令

① 书写格式

SetDo[\SDelay] Signal，Value；

[\SDelay]：延时输出时间（num），s；

Signal：输出信号名称（signaldo）；

Value：输出信号值（num）。

② 设置　SetDo 指令主要用控制数字量输出信号的值（0 或 1）。前一个占位符为信号选择，可在列表中选择已定义的数字输出信号。后一个占位符为目标状态，一般选择 0 或 1。如图 5-2 表示输出信号 YV3 置为 1。

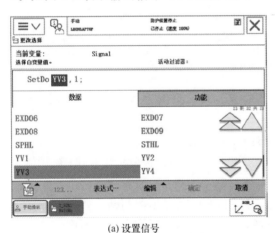

(a) 设置信号

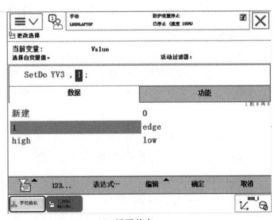

(b) 设置状态

图 5-2　SetDo 指令

③ 应用　设置机器人相应组合输出信号的值（采用 8421 码），可以设置延时输出，延时范围为 0.1～32s，默认状态为没有延时，例如：

SetDo\SDelay：＝0.2,go_Type,10；

（4）设定组输出信号的值

① 书写格式

SetGo[\SDelay] Signal，Value；

[\SDelay]：延时输出时间（num），s；

Signal：输出信号名称（signaldo）；

Value:输出信号值(num)。

② 应用　设置机器人相应数字输出信号的值,与指令 Set 和 Reset 相同,并且可以设置延时,延时的范围为 0.1～32s,默认状态为没有延时,例如:

SetDo\SDelay:=0.2,weld,high;

(5)常用逻辑控制指令

① IF 指令　IF 指令的功能是满足不同条件,执行对应程序。

例如:

IF reg1>5THEN

Set do1;

ENDIF

如果 reg1>5 条件满足,则执行 Set do1 指令。

IF 条件判断指令,就是根据不同的条件去执行不同的指令。条件判定的条件数量可以根据实际情况进行增加与减少。如图 5-3 所示,如果 num1 为 1,则 flag1 会赋值为 TRUE,如果 num1 为 2,则 flag1 会赋值为 FALSE,除了以上两种条件,则执行 do1 置位为 1。

② 紧凑型条件判断指令（Compact IF）　Compact IF 指令用于当一个条件满足了以后,就执行一句指令。

指令格式:

IF flag1=TRUE Set do1

如果 IF flag1 的状态为 TRUE,则 do1 被置位为 1。

图 5-3　条件判断指令

③ FOR 指令　FOR 指令的功能是根据指定的次数,重复执行对应程序。

例如:

FOR i FORM 1 TO 10 DO

routinel;

ENDFOR

重复执行 10 次 routinel 里的程序。

说明:FOR 指令后面跟的是循环计数值,其不用在程序数据中定义,每次运行一遍 FOR 循环中的指令后会自动执行加 1 操作。

④ WHILE 指令　WHILE 指令的功能是如果条件满足,则重复执行对应程序。

例如:

WHILE reg1<reg2 DO

reg1：=reg1+1;

ENDWHILE

如果变量 reg1<reg2 一直成立,则重复执行 reg1 加 1,直至 reg1<reg2 条件不成立为止。

⑤ TEST 指令　TEST 指令的功能是根据指定变量的判断结果，执行对应程序。TEST 指令传递的变量用作开关，根据变量值不同跳转到预定义的 CASE 指令，达到执行不同程序的目的。如果未找到预定义的 CASE，会跳转到 DEFAULT 段（事先已定义）。

例如：

TEST reg1

CASE 1；

routine1；

CASE 2；

routine2；

DEFAULT；

Stop；

ENDTEST

判断 reg1 数值，若为 1 则执行 routine1；若为 2 则执行 routine2；否则执行 Stop。

例如：在 CASE 中，若多种条件下执行同一操作，则可合并在同一 CASE 中。

TEST reg1

CASE 1，2，3；

　　routine1；

CASE 4；

　　routine2；

DEFAULT；

　　Stop；

ENDTEST

⑥ GOTO 指令　GOTO 指令用于跳转到例行程序内标签的位置，配合 Label 指令（跳转标签）使用。在如下的 GOTO 指令应用实例中，执行 Routine1 程序过程中，当判断条件 di1＝1 时，程序指针会跳转到带跳转标签 rHome 的位置，开始执行 Routine2 的程序。

MODULE Module1

PROC ROUtine1（）

rHome：　　跳转标签 Label 的位置

ROHtine2；

IF di1＝1 THEN

GOTO rHome；

ENDIF

ENDPROC

PROC Routine2（）

MoveJ p10，V1000，z50，tool0；

ENDPROC

ENDMODULE

（6）　CRobT 功能

CRobT 功能是读取当前机器人目标点位置数据。

例如：

PERS robtarget p10;

p10:=CRobT(\Tool:=tool1\WObj:=wobj1);

读取当前机器人目标点位置数据，指定工具数据为 tool1，工件数据为 wobj1（若不设定，则默认工具数据为 tool0），之后将读取的目标点数据赋值给 p10。

说明：CJointT 为读取当前机器人各关节轴度数的功能；程序数据 robottarget 与 jointtarget 之间可以相互转换：

P1:=CalcRboT(jointpos1,tool1\WObj:=wobj1);

将 jointtarget 转换为 robottarget。

jointpos1:=CalcJointT(p1,tool1\WObj:=wobj1);

将 robottarget 转换为 jointtarget。

（7）调用指令

ProcCall 为调用例行程序指令，其建立步骤见表 5-1。

RETURN 为返回例行程序指令。当此指令被执行时，则马上结束本例行程序的执行，返回程序指针到调用此例行程序的位置。

表 5-1　ProcCall 调用例行程序指令的建立步骤

步骤	说明	图示
1	选中"<SMT>"为要调用例行程序的位置	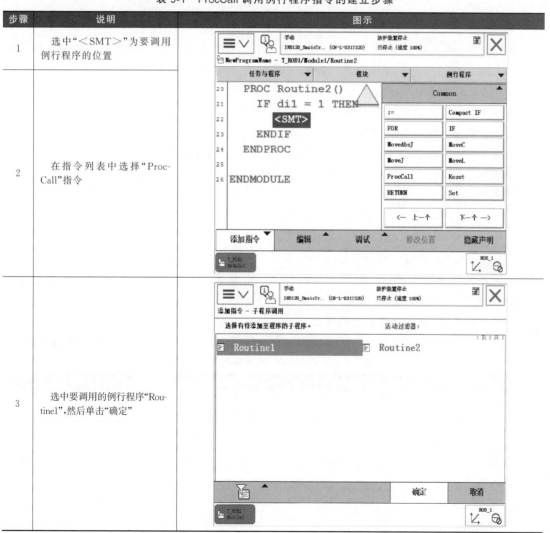
2	在指令列表中选择"Proc-Call"指令	
3	选中要调用的例行程序"Routine1"，然后单击"确定"	

步骤	说明	图示
4	调用例行程序指令执行的结果	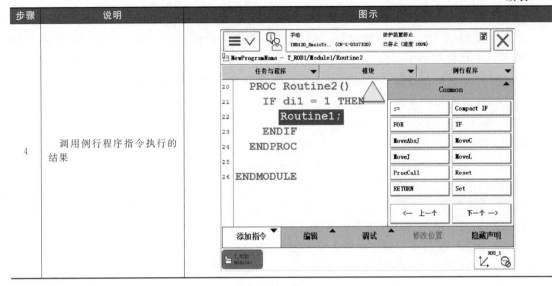

5.1.2 区域检测（World Zones）的I/O信号设定

World Zones 选项用于设定一个空间直接与 I/O 信号关联起来。可限制其活动空间，否则机器人的 I/O 信号马上变化并进行互锁（可由 PLC 编程实现）。

World Zones 用于控制机器人在进入一个指定区域后停止或输出一个信号。此功能可应用于两个工业机器人协同运动时设定保护区域；也可以应用于如压铸机开合模区域设置等方面。当工业机器人进入指定区域时，给外围设备输出信号。World Zones 形状有矩形、圆柱形、关节位置型，可以定义长方体两角点的位置来确定进行监控的区域设定。

使用 World Zones 选项时，关联一个数字输出信号，该信号设定时，在一般的设定基础上需要增加参数级别选项。

① All：最高存储级别，自动状态下可修改。

② Default：系统默认级别，一般情况下使用。

③ ReadOnly：只读，在某些特定的情况下使用。在 World Zones 功能选项中，当机器人进入区域时输出的这个 I/O 信号为自动设置，不允许人为干预，所以需要将此数字输出信号的存储级别设定为 ReadOnly。

（1）与 World Zones 有关的程序数据

在使用 World Zones 选项时，除了常用的程序数据外，还会用到表 5-2 所示的程序数据。

表 5-2 与 World Zones 有关的程序数据

程序数据名称	程序数据注释	程序数据名称	程序数据注释
pos	位置数据,不包含姿态	wzstationary	固定的区域参数
shapedata	形状数据,用来表示区域的形状	wztemporary	临时的区域参数

（2）World Zones 的设置

① WZBoxDef：矩形体区域检测设定指令　WZBoxDef 用于在大地坐标系下设定的矩形体区域检测，设定时需要定义该虚拟矩形体的两个对角点，如图 5-4 所示。

a. 指令示例：

VAR shapedata volume;

CONST pos corner1：=[200,100,100]；

CONST pos corner2：=[600,400,400]；

…

WZBoxDef \Inside，volume，corner1，corner2；

b. WZBoxDef 指令说明如表 5-3 所示。

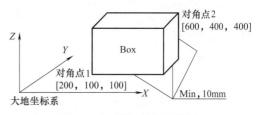

图 5-4　矩形体区域检测设定

表 5-3　WZBoxDef 指令说明

指令变量名称	说明	指令变量名称	说明
[\Inside]	矩形体内部值有效	LowPoint	对角点之一
[\Outside]	矩形体外部值有效,二者必选其一	HighPoint	对角点之一
Shape	形状参数		

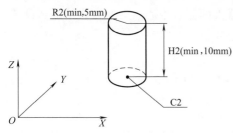

图 5-5　圆柱体区域检测设定

② WZCylDef：圆柱体区域检测设定指令 WZCylDef 用以在大地坐标系下设定的圆柱体区域检测，设定时需要定义该虚拟圆柱体的底面圆心、圆柱体高度、圆柱体半径三个参数。示例如图 5-5 所示。

a. 指令示例：

VAR shapedata volume；

CONST pos C2：=[300，200，200]；

CONST num R2：=100；

CONST num H2：=200；

…

WZCylDef\Inside，volume，C2，R2，H2；

b. WZCylDef 指令说明如表 5-4 所示。

表 5-4　WZCylDef 指令说明

指令变量名称	说明	指令变量名称	说明
[\Inside]	圆柱体内部值有效	CenterPoint	底面圆心位置
[\Outside]	圆柱体外部值有效,二者必选其一	Radius	圆柱体半径
Shape	形状参数	Height	圆柱体高度

③ WZEnable：激活临时区域检测指令　WZEnable 指令用以激活临时区域检测。指令示例如下：

VAR wztemporary wzone；

…

PROC…

　　　WZLimSup\Temp，wzone，volume；

　　　MoveL p pick，v500，z40，tool1；

　　　WZDisable wzone；

　　　MoveL p place，v200，z30，tool1；

　　　WZEnable wzone；

　　　MoveL p home，v200，z30，tool1；

ENDPROC

④ WZDisable：使临时区域检测失效指令　WZDisable 指令用以使临时区域检测失效。指令示例如下：

VAR wztemporary wzone；

…

PROC…

        WZLimSup\Temp，wzone，volume；

        MoveL p pick，v500，z40，tool1；

        WZDisable wzone；

        MoveL p place，v200，z30，tool1；ENDPROC

注意：只有临时区域才能使用 WZEnable 指令激活。

⑤ WZDOSet：区域检测激活输出信号指令　WZDOSet 是用在区域检测被激活时输出设定的数字输出信号，当该指令被执行一次后，机器人的工具中心点（TCP）接触到设定区域检测的边界时，设定好的输出信号将输出一个特定的值。

a. 指令示例：

WZDOSet\Temp，service\Inside，volume，do_service，1；

b. WZDOSet 指令说明如表 5-5 所示。

表 5-5　WZDOSet 指令说明

指令变量名称	说明
[\Temp]	开关量，设定为临时的区域检测
[\Stat]	开关量，设定为固定的区域检测，二者选其一
World Zones	wztemporary 或 wzstationary
[\Inside]	开关量，当 TCP 进入设定区域时输出信号
[\Before]	开关量，当 TCP 或指定轴无限接近设定区域时输出信号，二者选其一
Shape	形状参数
Signal	输出信号名称
SetValue	输出信号设定值

（3）World Zones 区域监控功能的使用

① 步骤　World Zones 监控的是当前的 TCP 的坐标值，监控的坐标区域是基于当前使用的工件坐标 wobj 和工具坐标 tooldata 的。一定要使用 Event Routine 的 POWER_ON 在启动系统的时候运行一次，就会开始自动监控了，World Zones 操作步骤见表 5-6。

表 5-6　World Zones 操作步骤

图示	步骤
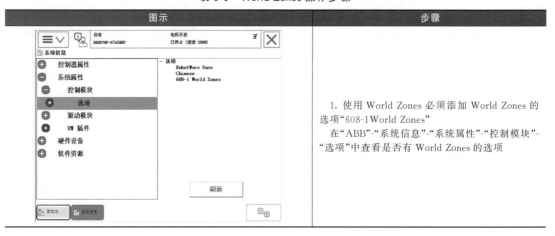	1. 使用 World Zones 必须添加 World Zones 的选项"608-1World Zones" 在"ABB"-"系统信息"-"系统属性"-"控制模块"-"选项"中查看是否有 World Zones 的选项

图示	步骤
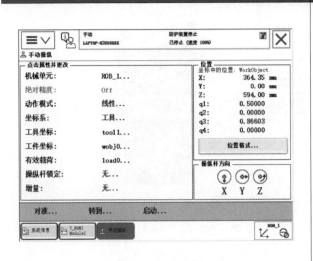	2. 在"手动操纵"界面选定要监控的工具
	3. 编制 Event Routine 对应的程序： 设置两个矩形对象点 pos1 和 pos2,设定对应的坐标值； 使用 WZBoxDef\Inside,shape1,pos1,pos2； WZDOSet\Stat,wzpos\Inside,shape1,do1,1； 指令来设定 World Zones 和关联的 I/O 信号

第5章 搬运类程序的编制

② 应用 World Zones 创建 Home 输出信号

a. 选择 608-1 World Zones 功能，如图 5-6 所示。

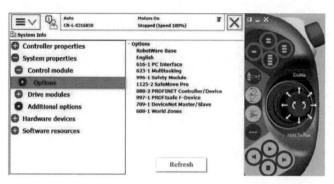

图 5-6　World Zones 功能

b. 创建 Routine，例如 power_on，进行相关设置，如图 5-7 所示。

图 5-7　创建 Routine

c. 插入定义 worldzoneHome 位指令 WZHomeJointDef，如图 5-8、图 5-9 所示。

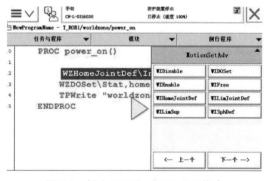

图 5-8　插入 WZHomeJointDef 指令

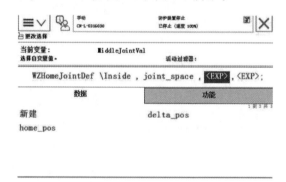

图 5-9　定义 worldzoneHome 位

其中\Inside 表示监控机器人各轴在这个范围内，joint_space 为 shapedata，即机器人会把后续 Home 点和误差构成的范围存入该数据。图 5-9 所示光标位置为 Home 位，数据类型为 jointtarget，光标后的参数为每个轴的允许误差，例如 2，2，2，2，2，2 表示各轴允许基于 Home 位各轴±2°的误差。

d. 插入 WZDOSet 指令，设置对应 do 输出，如图 5-10 所示。

其中 do_home 为设置的对应输出信号，1 表示需要输出的信号值为 1，如果机器人在

工业机器人应用编程自学·考证·上岗一本通（初级）

Home 区间内，输出 1，否则输出 0。

　　e. 进入控制面板→配置 I/O→signal，把 do_home 的 Access Level 设为 ReadOnly（只读），如图 5-11 所示。

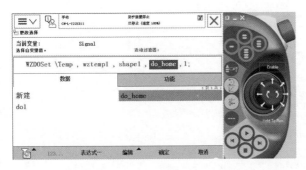

图 5-10　插入 WZDOSet 指令　　　　　图 5-11　设定 Access Level 为 ReadOnly

　　f. 以上的设置语句，仅需在开机时自动运行一次即可。进入控制面板→配置→Controller 主题下，设置 Event Routine：其中 Power On 为开机事件，Routine 的 power_on 为设置 World Zones 的程序，如图 5-12（a）所示。

　　g. 重启机器人。

　　h. 如果机器人在 Home 位，do_home 输出为 1，否则为 0，如图 5-12（b）所示。

5.1.3　创建带参数的例行程序

　　如图 5-13 所示，带参数例行程序，执行程序后，屏幕上显示结果"reg1＝6"。其操作步骤见表 5-7。

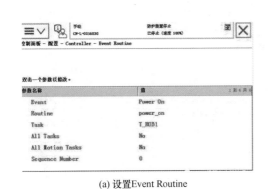

(a) 设置Event Routine

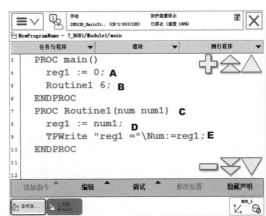

图 5-13　带参数的例行程序

A—将数值 0 赋值给数值型变量 reg1；

B，C—将数值 6 传递给 Routine1 申明的参数 num1，从而在 Routine1 中使用 num1 的时候，num1 的值为 6；

D—将 num1 的值赋值给 reg1；

E—通过写屏指令 TPWrite 将结果显示出来

(b)机器人在Home位

图 5-12　设置 Event Routine 和机器人在 Home 位

表 5-7 创建带参数的例行程序步骤

步骤	说明	图示
1	在新建例行程序界面,单击左下角"文件"菜单,选择"新建例行程序…"	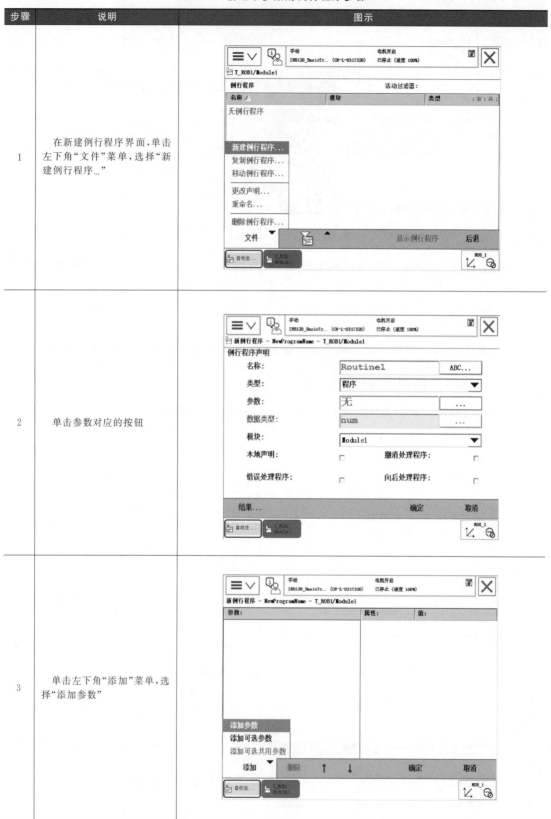
2	单击参数对应的按钮	
3	单击左下角"添加"菜单,选择"添加参数"	

步骤	说明	图示
4	输入"num1",然后单击"确定"	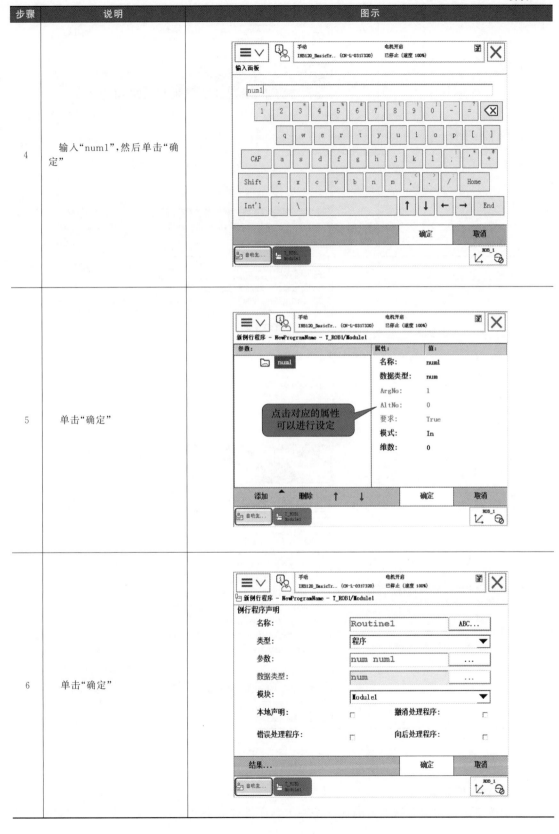
5	单击"确定"	
6	单击"确定"	

步骤	说明	图示
7	单击"显示例行程序"	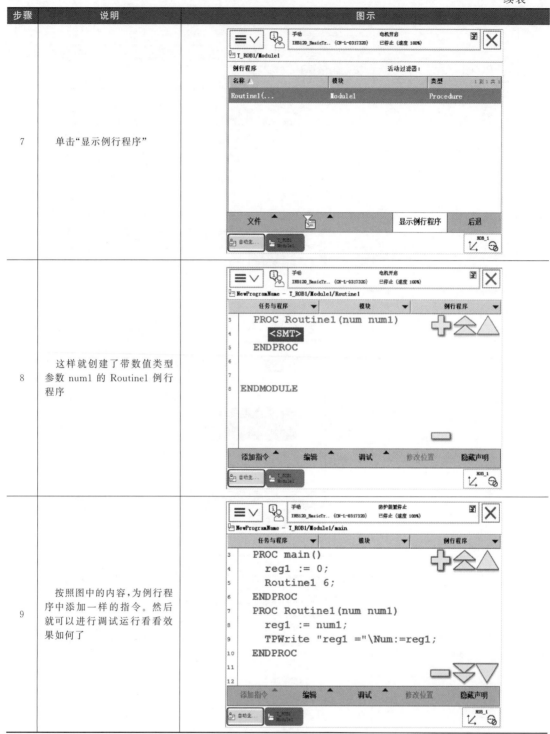
8	这样就创建了带数值类型参数 num1 的 Routine1 例行程序	
9	按照图中的内容,为例行程序中添加一样的指令。然后就可以进行调试运行看看效果如何了	

5.1.4 数组

5.1.4.1 数组的定义

所谓数组,是相同数据类型的元素按一定顺序排列的集合。若将有限个类型相同的变量的集合命名，那么这个名称为数组名。组成数组的各个变量称为数组的分量，也称为数组的元素，有时也称为下标变量。用于区分数组的各个元素的数字编号称为下标。数组是在程序设计中，为了处理方便，把具有相同类型的若干变量按有序的形式组织起来的一种形式。这些按序排列的同类数据元素的集合称为数组。

5.1.4.2 数组的应用

（1）数组的作用

在定义程序数据时，可以将同种类型、同种用途的数值存放在同一个数据中，当调用该数据时需要写明索引号来指定调用的是该数据中的哪个数值，这就是所谓的数组。在 RAP-ID 中，可以定义一维数组、二维数组以及三维数组。

（2）数组应用举例

① 一维数组：

VAR num reg1{3}：＝[5，7，9]；（定义一维数组 reg1）

reg2：＝reg1{2}；（reg2 被赋值为 7）

② 二维数组：

VAR num reg1{3,4}：＝[[1,2,3,4]，[5,6,7,8]，[9,10,11,12]]；（定义二维数组 reg1）

reg2：＝reg1{3,2}；（reg2 被赋值为 10）

③ 三维数组：

VAR num reg1{2,2,2}：＝[[[1,2]，[3,4]]，[[5,6]，[7,8]]]；（定义三维数组 reg1）

reg2：＝reg1{2,1,2}；（reg2 被赋值为 6）

5.1.4.3 典型案例

（1）码垛放置位置的参考点

① 已知，物料的长为 30mm，宽为 30mm，高为 30mm，物料在 X 轴方向距离 70mm，Y 轴上距离为 40mm，如图 5-14 所示。

② 当把第一个物料示教完成放置，其他的物料可以通过数组来建立相对的空间位置。

（2）数组的建立

① 进入 ABB 主菜单，选择"程序数据"选项，如图 5-15 所示。

② 选择"num"，显示数据，如图 5-16 所示。

③ 单击"新建..."，新建数组，如图 5-17 所示。

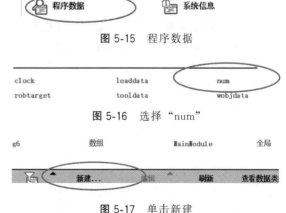

图 5-15 程序数据

图 5-16 选择"num"

图 5-17 单击新建

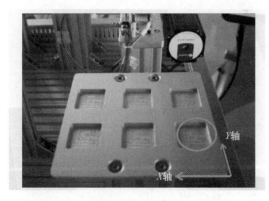

图 5-14 参考点

④ 建立二维数组，如图 5-18 所示。

⑤ {6，2} 的含义是 6 排（或物料块总数），2 列（X 和 Y）数组偏移量的设置，如图 5-19 所示。

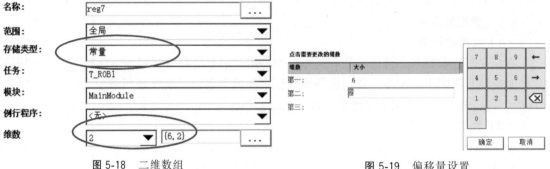

图 5-18　二维数组

图 5-19　偏移量设置

⑥ 定义：{1，1} 此处 1 代表 X 方向的偏移，{1，2} 此处 2 代表 Y 方向的偏移，如图 5-20 所示。

（3）数组指令的运用方法

① 新建运动，指令如图 5-21 所示。

② 在功能里面选中"Offs"，如图 5-22 所示。

③ "Offs"括号内的 4 个值的含义分别是（参考点，X 方向的偏移量，Y 方向的偏移量，Z 方向的偏移量），这里需使用一个常量 reg1，如图 5-23 所示。

图 5-20　确定数据

MoveL p130, v200 , fine , tool1 \WObj:= wobj1;

图 5-21　新建运动

)ffs（ <EXP>，<EXP>，<EXP>，<EXP>）

图 5-22　"Offs"的应用

Offs（ p130, reg7 {reg1，1}，reg7 {reg1，2}，0

图 5-23　偏移量

（4）数组指令物料块码垛的参考程序

MoveAbsJ Home\NoEOffs，v1000，fine，tool0；

reg1 := 0；

WHILE reg1 < 6 DO

MoveJ Offs(p10,reg6{reg1,1},reg6{reg1,2},−80)，v1000，fine，tool0；

MoveL Offs(p10,reg6{reg1,1},reg6{reg1,2},0)，v1000，fine，tool0；

Set DO_01；

WaitTime 1；

MoveL Offs(p10,reg6{reg1,1},reg6{reg1,2},−80)，v1000，fine，tool0；

MoveJ Offs(p11,reg7{reg1,1},reg7{reg1,2},−80)，v1000，fine，tool0；

MoveJ Offs(p11,reg7{reg1,1},reg7{reg1,2},0),v1000,fine,tool0;

Reset DO_01;

MoveL Offs(p11,reg7{reg1,1},reg7{reg1,2},−80),v1000,fine,tool0;

ENDWHILE

MoveAbsJ Home\NoEOffs,v1000,fine,tool0;

5.1.4.4　使用数组作为参数的例行程序

① 新建例行程序，在 Parameters 处点击省略号，添加参数；如图 5-24 所示。设置添加参数的 Dimension，1：1维数组，2：2维数组，3：3维数组，单击完成；如图 5-25 所示。

图 5-24　添加参数 　　　　　　　图 5-25　添加参数 Dimension

② 希望查找数组内最大值，并写屏输出最大值及对应数组元素序号程序如下。

```
PROC find_max(num a1{*})
    VAR num no_tmp;
    VAR num no_seq;
    no_tmp:=a1{1};
    no_seq:=1;
    FOR i FROM 2 TO Dim(a1,1) DO
        !dim(a1,1)返回数组a1的第1维的元素个数
        IF a1{i}>no_tmp THEN
            no_tmp:=a1{i};
            no_seq:=i;
        ENDIF
    ENDFOR
    TPWrite "max data in "+argname(a1)+" is "\num:=no_tmp;
    !argname(a1)获取传入参数的原有变量名
    TPWrite "max data_seq is "\num:=no_seq;
ENDPROC
```

```
PROC test222()
    VAR num a100{10};
    FOR i FROM 1 TO 10 DO
        a100{i}:=i;
    ENDFOR
    find_max a100;
```

运行结果是数组 a100 的值为 [1，2，3，4，5，6，7，8，9，10]，所以最大值为 10，最大值的序号是第 10 个元素，如图 5-26 所示。

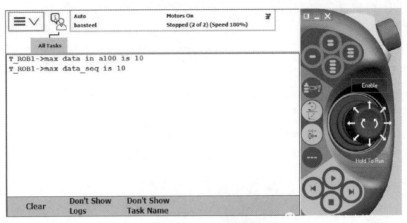

图 5-26　查找数组

5.2.1　辅助标定工具

工业机器人安装工具之后，需要对工具进行标定，工具标定的方法一般是在工具上找到一个合适的尖点作为标定针，工件台上放一个标定针，工业机器人以不同的姿态使针尖对齐，每对准一次就修改一个位置，直到按照标定方法将所有点位置修改完。但是，在实际应用中，有些工具没有明显尖点，如图 5-27 所示的平口手爪工具，在对平口手爪工具标定时，可以通过辅助标定工具来标定。将辅助标定工具安装在平口手爪上，利用辅助标定工具来完成工具的标定。

(a) 平口手爪工具及辅助标定工具　　　(b) 弧口手爪工具及辅助标定工具

图 5-27　辅助标定工具

5.2.2　平口手爪工具负载测算

平口手爪工具负载测算步骤如表 5-8 所示。

表 5-8　平口手爪工具负载测算步骤

步骤	说明	图示
1		手动操纵机器人运动到各轴零点位置
2	手动操纵界面加载需要测算的工具"zhikoutool"	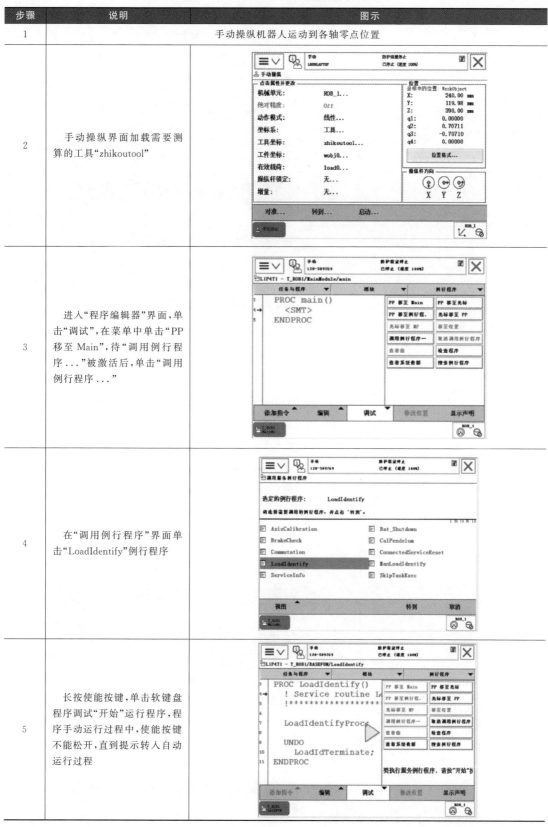
3	进入"程序编辑器"界面,单击"调试",在菜单中单击"PP移至 Main",待"调用例行程序..."被激活后,单击"调用例行程序..."	
4	在"调用例行程序"界面单击"LoadIdentify"例行程序	
5	长按使能按键,单击软键盘程序调试"开始"运行程序,程序手动运行过程中,使能按键不能松开,直到提示转入自动运行过程	

步骤	说明	图示
6	程序运行前,在系统提示界面,单击"OK",进入下一步	
7	进入"测算类型选择"界面,"PayLoad"用于测算机器人本体的负载数据,"Tool"用于测算工具的负载数据,单击"Tool"	
8	根据系统提示信息确认各事项,无误后单击"OK"。需确认如下事项: ①需测算负载数据的工具必须已安装,工具数据已定义,已在手动操纵中加载; ②机器人本体负载必须已定义; ③机器人轴1~轴6零点正确标定	
9	根据系统提示信息确认加载的工具是否是需要测算的工具	

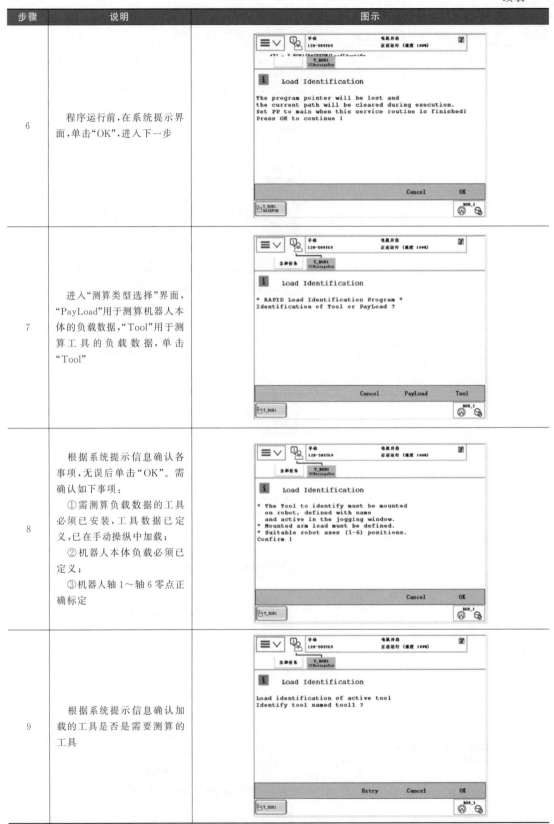

步骤	说明	图示
10	根据系统提示信息选择对工具的测算方法,在左下方输入栏输入"2"。输入数值后,单击"确定"。1=已知工具质量;2=未知工具质量;0=取消	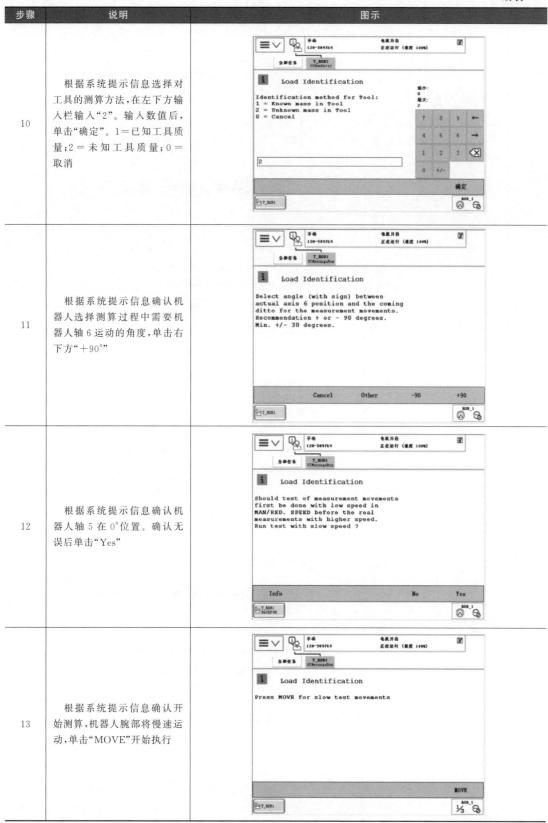
11	根据系统提示信息确认机器人选择测算过程中需要机器人轴6运动的角度,单击右下方"+90°"	
12	根据系统提示信息确认机器人轴5在0°位置。确认无误后单击"Yes"	
13	根据系统提示信息确认开始测算,机器人腕部将慢速运动,单击"MOVE"开始执行	

续表

步骤	说明	图示
14	测算过程中,系统显示程序当前运行状态,每一步测算运行完成后会自动跳转到下一步,过程中保持使能按键不松开	
15	根据系统提示信息切换到自动模式并再次启动程序运行	
16	自动运行模式下测算	
17	等待自动运行程序完成后,根据系统提示信息切换到手动模式,单击"OK"开始计算	

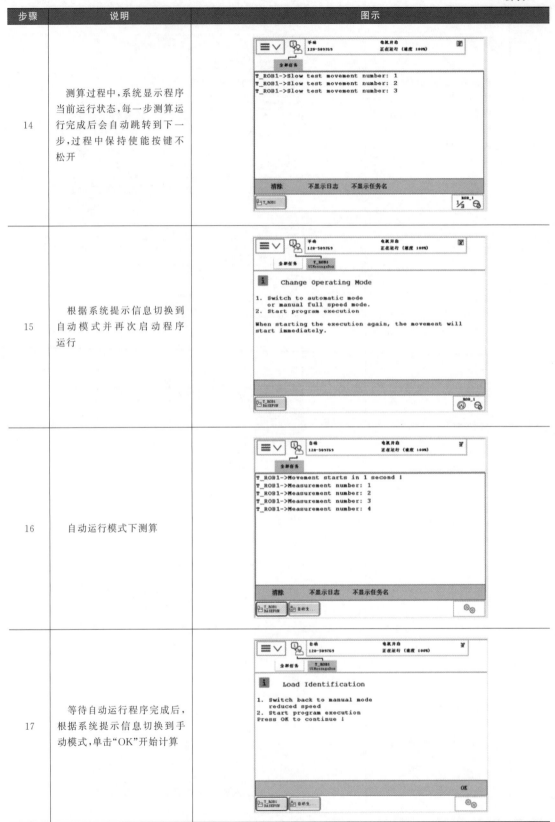

步骤	说明	图示
18	计算完成后，单击"Yes"确认	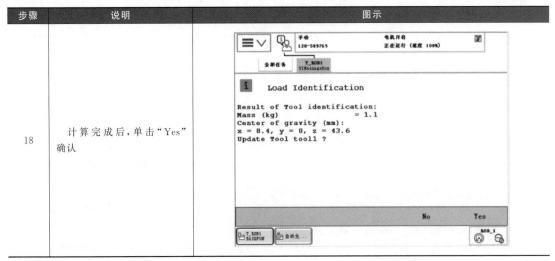

5.2.3 搬运

（1）设备

井式供料模块是储存物料的装置，如图 5-28 所示，通过气缸的运动从料仓底部推出物料，实现供料功能。可以通过数字量输入输出信号控制，实现料仓物料的监控以及物料的供给。井式供料模块可以和其他模块进行组合，实现不同的作业任务。井式供料模块数字量输入输出信号及其说明如表 5-9 所示。

物料暂存模块用于暂时存放从井式供料模块推出的物料，安装有光电传感器，当物料到达暂存模块，模块检测到有物料时，工业机器人接收到信号即从暂存模块取走物料。物料暂存模块如图 5-29 所示。

棋盘格模块由 7 行 7 列共 49 个格子组成，每个格子大小为 32mm×32mm，用于在指定位置摆放工业机器人搬运的物料，如图 5-30 所示。

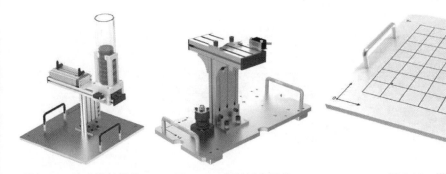

图 5-28 井式供料模块　　图 5-29 物料暂存模块　　图 5-30 棋盘格模块

表 5-9 井式供料模块的数字量输入输出信号及其说明

信号名称	类型	功能	信号状态
D652_DI1	数字量输入	推料气缸伸出状态	未伸出状态为 0，伸出状态为 1
D652_DI2	数字量输入	料仓有无工件	没有料状态为 0，有料状态为 1
D652_DO1	数字量输出	推料气缸控制信号	默认为 0，气缸伸出为 1

设定井式供料模块推头气缸电磁阀信号 EXDO2，设定推头后限信号 EXDI2。当传感器检测到井式供料仓中有工件时，信号 EXDO2 置为 1，电磁阀控制气缸推头推出工件，等待 2s 后，气缸推头缩回，当 EXDI2 为 0 时，表示气缸推头缩回到位，完成一次井式供料模块推出工件的任务，如图 5-31 所示。

（2）搬运流程

搬运流程如图 5-32 所示。

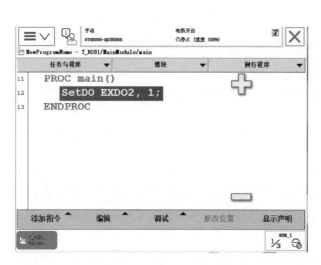

图 5-31　EXDO2 置为 1

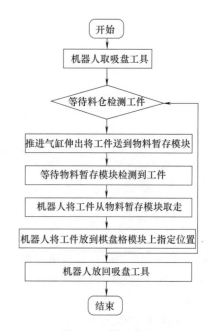

图 5-32　搬运流程

创建新程序并保存为 L1P4T2，创建例行程序"Qu_GongJu""Fang_GongJu"用于工具的取放，"banyun1"对应第 1 个工件的搬运，其他工件的搬运程序可在 banyun1 基础上修改，需要编写的例行程序如图 5-33 所示，其操作步骤如表 5-10 所示。

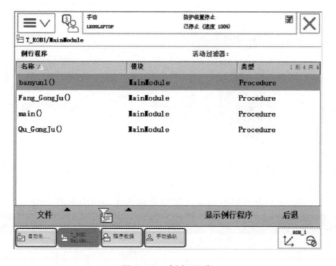

图 5-33　例行程序

表 5-10 搬运程序创建操作步骤

步骤	说明	图示
1	打开"banyun1"例行程序，添加 WaitDI 指令，等待信号 EXDI3 状态为 1	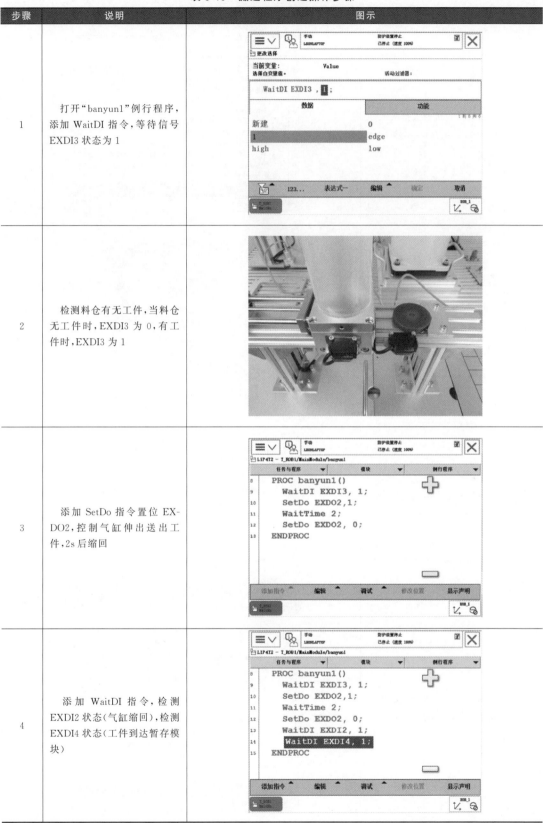
2	检测料仓有无工件，当料仓无工件时，EXDI3 为 0，有工件时，EXDI3 为 1	
3	添加 SetDo 指令置位 EX-DO2，控制气缸伸出送出工件，2s 后缩回	
4	添加 WaitDI 指令，检测 EXDI2 状态（气缸缩回），检测 EXDI4 状态（工件到达暂存模块）	

步骤	说明	图示
5	编写工业机器人拾取工件的位置"pick"及过渡位置	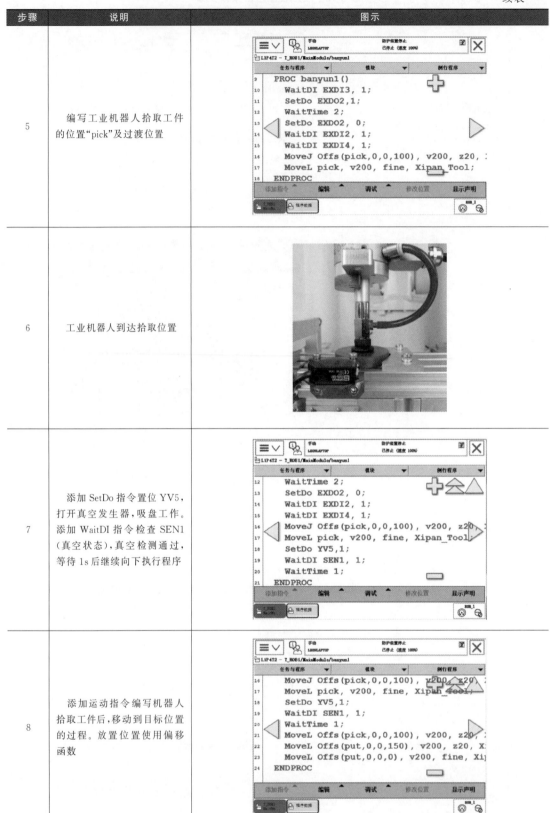
6	工业机器人到达拾取位置	
7	添加 SetDo 指令置位 YV5，打开真空发生器，吸盘工作。添加 WaitDI 指令检查 SEN1（真空状态），真空检测通过，等待 1s 后继续向下执行程序	
8	添加运动指令编写机器人拾取工件后，移动到目标位置的过程。放置位置使用偏移函数	

步骤	说明	图示
9	工业机器人放置工件在指定位置	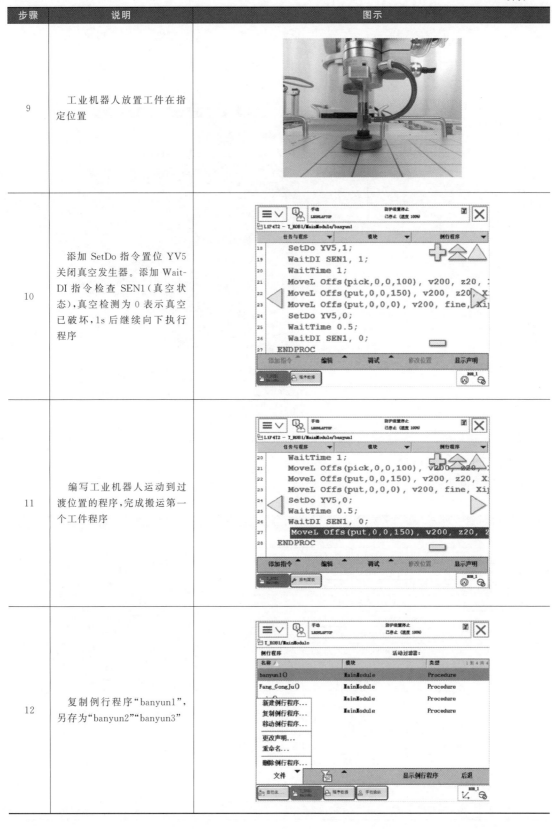
10	添加 SetDo 指令置位 YV5 关闭真空发生器。添加 Wait-DI 指令检查 SEN1（真空状态），真空检测为 0 表示真空已破坏，1s 后继续向下执行程序	
11	编写工业机器人运动到过渡位置的程序，完成搬运第一个工件程序	
12	复制例行程序"banyun1"，另存为"banyun2""banyun3"	

步骤	说明	图示
13	修改各个程序的放置位置偏移值	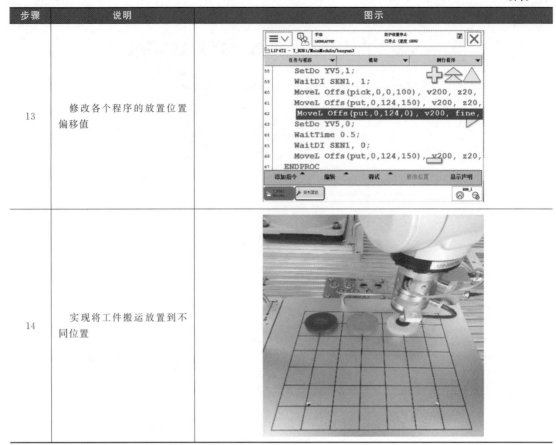
14	实现将工件搬运放置到不同位置	

（3）编制搬运程序

搬运程序说明如表 5-11 所示。

表 5-11　搬运程序说明

序号	程序	程序说明
1	WaitDI EXDI3,1;	料仓检测到工件
2	SetDo EXDO2,1;	气缸伸出将工件推出
3	WaitTime 2;	等待 2s
4	SetDo EXDO2,0;	气缸缩回
5	WaitDI EXDI2,1;	等待气缸缩回到位
6	WaitDI EXDI4,1;	暂存模块检测到工件
7	MoveJ Offs(pick,0,0,100),v200,z20,Xipan_Tool;	移动至取工件的过渡位置
8	MoveL pick,v200,fine,Xipan_Tool;	移动至取工件位置
9	SetDo YV5,1;	打开真空发生器，吸盘工作
10	WaitDI SEN1,1;	等待真空检测通过
11	WaitTime 1;	等待 1s
12	MoveL Offs(pick,0,0,100),v200,z20,Xipan_Tool;	移动至拾取工件过渡位置
13	MoveL Offs(put,0,0,150),v200,z20,Xipan_Tool;	移动至放置工件过渡位置
14	MoveL Offs(put,0,0,0),v200,fine,Xipan_Tool;	移动至放置工件位置
15	SetDo YV5,0;	关闭真空发生器
16	WaitTime 0.5;	等待 0.5s
17	WaitDI SEN1,0;	等待真空检测
18	MoveL Offs(put,0,0,150),v200,z20,Xipan_Tool;	移至放置工件位过渡位置

5.3 工业机器人电机装配

5.3.1 自动更换末端执行装置

（1）规划轨迹

工业机器人在自动拾取工具运行时，需要确定几个关键位置点，包括 jpos10 原点位置、p10 过渡点位置、p11 接近点位置和 p12 拾取点位置，其中 jpos10 的位置数据为：（0°，0°，0°，0°，90°，0°），p10、p11、p12 需现场示教，如图 5-34 所示。工业机器人完成从原点位置自动拾取工具的轨迹为：jpos10 → p10 → p11 → p12，工业机器人拾取完工具后自动返回原点位置的轨迹为：p12 → p11 → p10 → jpos10，其中 jpos10 → p10 执行的动作方式为关节动作（MoveJ），p10 → p11、p11 → p12、p12 → p11、p11 → p10 执行的动作方式为直线动作（MoveL），p10 → jpos10 执行的动作为绝对方式关节动作（MoveAbsJ）。

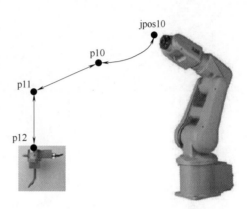

图 5-34 自动更换末端执行装置

（2）程序

创建程序保存为 L1P3T1，编写工业机器人自动拾取快换工具的程序如表 5-12 所示。

表 5-12 自动拾取快换工具程序（qu_gongju 程序）

程序行号	程序	程序说明
1	MoveAbsJ jpos10\NoEOffs,v200,fine,tool0;	工业机器人返回原点
2	MoveJ p10,v200,fine,tool0;	关节方式到达 p10 过渡点
3	MoveL p11,v200,fine,tool0;	直线方式到达 p11 接近点
4	MoveL p12,v200,fine,tool0;	直线方式到达 p12 拾取点
5	Set YV2;	置位主盘松开信号
6	Reset YV1;	复位主盘锁紧信号，YV1 和 YV2 互锁
7	WaitTime 1;	延时 1s
8	MoveL p11,v200,fine,tool0;	直线方式到达 p11 接近点
9	MoveJ p10,v200,fine,tool0;	关节方式到达 p10 过渡点
10	MoveAbsJ jpos10\NoEOffs,v200,fine,tool0;	工业机器人返回原点

（3）强制松开锁紧装置

为防止工业机器人取放工具时发生工具碰撞或掉落，须提前强制松开锁紧机构，手动取下工业机器人末端工具，具体操作步骤如表 5-13 所示。

表 5-13 强制松开锁紧装置操作步骤

步骤	说明	图示
1	单击 ABB 菜单,选择"输入输出"	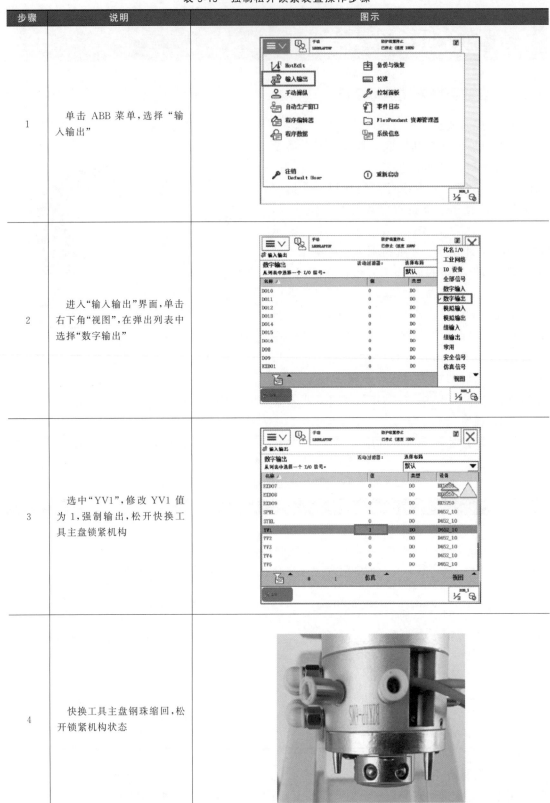
2	进入"输入输出"界面,单击右下角"视图",在弹出列表中选择"数字输出"	
3	选中"YV1",修改 YV1 值为 1,强制输出,松开快换工具主盘锁紧机构	
4	快换工具主盘钢珠缩回,松开锁紧机构状态	

5.3.2 装配程序的编制

（1）轨迹

如图 5-35 所示，工业机器人需要依次将电机转子搬运并装配于电机外壳中，再将端盖搬运并装配在电机外壳上，搬运装配完成的成品如图 5-36 所示。

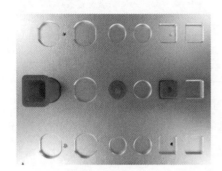

图 5-35 装配元件

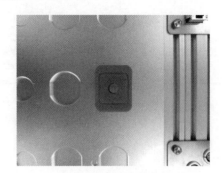

图 5-36 电机组装成品

如图 5-37 所示，在编程时，需要由规划初始位置开始运行再回到初始位置的轨迹，用点和路径完整地描述出来。

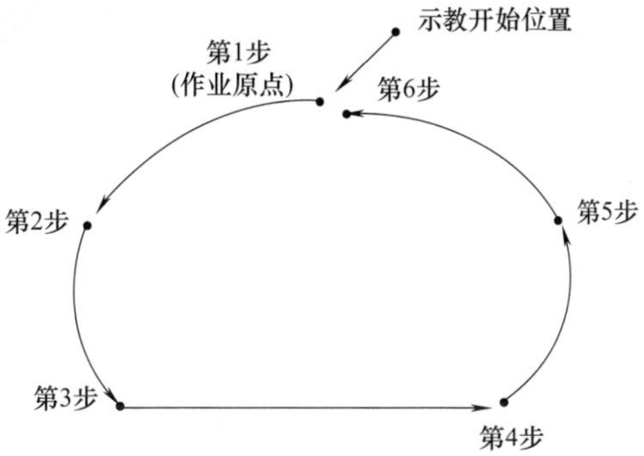

第一步确定起始位置：程序起始位置，也称作业原点。该位置可以是工业机器人工作空间中任意一点，一般会选取比较特殊的位置，如机器人零点等，目的是让工业机器人停止姿态尽量美观。

第二步确定过渡位置：从作业原点到作业位置可能会经过障碍物，或者工具必须沿特定

图 5-37 直线轨迹运动规划

路径到达作业位置，这时就需要规划避障或工具行进路线。过渡位置可能是很多个点，以实际情况规划。

第三步确定作业位置：作业位置之前的路径一般不需要限定轨迹，作业轨迹则通常是限定轨迹（直线或圆弧）。对于复杂的作业轨迹，可以通过直线和圆弧的组合把轨迹拟合出来。

第四步到组装位置，进行组装。

第五步确定过渡位置，与第二步类似。

第六步返回起始位置：作业完成后，同样需要规划过渡位置返回作业原点。如果需要运动到下一作业位置。重复前面步骤二到步骤五即可。当所有工作完成，返回作业原点。编程过程中如果需要添加其他指令只要按照顺序执行的过程编写即可。

（2）流程

工业机器人搬运并装配电机的流程，如图 5-38 所示。完成整个搬运过程，规划运动轨迹需 9 个关键点，分别以数字

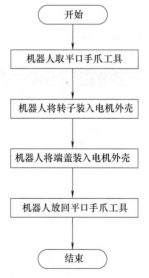

图 5-38 机器人装配电机流程图

1～9 表示，各点说明如表 5-14 所示。

表 5-14　搬运关键点功能说明

序号	名称	说明
1	Home	工作原点
2	Qu_ZhuanZi_GuoDu	取转子过渡点
3	Qu_ZhuanZi	取转子点
4	Fang_ZhuanZi_GuoDu	放转子过渡点
5	Fang_ZhuanZi	放转子点
6	Qu_DuanGai_GuoDu	取端盖过渡点
7	Qu_DuanGai_GuoDu	取端盖点
8	Fang_DuanGai_GuoDu	放端盖过渡点
9	Fang_DuanGai_GuoDu	放端盖点

搬运及组装的运行示意图，如图 5-39 所示，工业机器人运行关键点的顺序为 1—2—3—2—4—5—4—6—7—6—8—9—8—1。完成此次电机装配件搬运共建立了 4 个例行程序，如表 5-15 所示，电机转子搬运程序如表 5-16 所示。

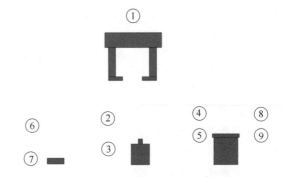

图 5-39　搬运及组装的运行示意图

表 5-15　例行程序说明

程序	说明
Qu_GongJu	将平口手爪工具从快换支架中取出
Zhuanzi_BY	拾取转子并放入电机外壳
DuanGai_BY	拾取端盖并放在电机外壳
Fang_GongJu	将平口手爪工具放回快换支架

表 5-16　电机转子搬运程序

序号	程序	程序说明
1	MoveAbsJ Home\NoEOffs,v200,fine,tool0;	移动至起始位置
2	SetDo YV3,1;	
3	SetDo YV4,0;	手爪张开
4	MoveJ Qu_ZhuangZi_GuoDu,v200,z20,ZhiKou_Tool;	移动至抓取转子的过渡点
5	MoveL Qu_ZhuangZi,v200,fine,ZhiKou_Tool;	移动至抓取转子位置
6	SetDo YV3,0;	
7	SetDo YV4,1;	手爪闭合
8	WaitTime 0.5;	等待 0.5s
9	MoveL Qu_ZhuangZi_GuoDu,v200,z20,ZhiKou_Tool;	移动至抓取转子的过渡点
10	MoveL Fang_ZhuangZi_GuoDu,v200,z20,ZhiKou_Tool;	移动至放置转子过渡点
11	MoveL Fang_ZhuangZi,v200,fine,ZhiKou_Tool;	移动至放置转子位置
12	SetDo YV3,1;	
13	SetDo YV4,0;	手爪张开
14	WaitTime 0.5;	等待 0.5s
15	MoveL Fang_ZhuangZi_GuoDu,v200,z20,ZhiKou_Tool;	移动至放置转子的过渡点

5.4 码垛程序编制

5.4.1 码垛工艺

（1）码垛定义

码垛是工业机器人的典型应用，通常分为堆垛和拆垛两种。堆垛是指利用工业机器人从指定的位置将相同工件按照特定的垛型进行码垛堆放的过程；拆垛是利用工业机器人将按照特定的垛型进行存放的工件依次取下，搬运至指定位置的过程。如图 5-40 所示，工业机器人吸持输送带末端的箱子，并将箱子按照 2 行 3 列 2 层的方式堆放到栈板上，即为堆垛；若工业机器人将栈板上按 2 行 3 列 2 层方式堆放的箱子一个一个地搬运到输送带上，即为拆垛。

（2）码垛垛型

码垛垛型指的是码垛时工件堆叠的方式方法，是指工件有规律、整齐、平稳地码放在托盘上的码放样式。根据生产中工件的实际堆叠样式，码垛垛型通常有方形垛和圆形垛，方形重叠式垛型和交错式两种，其中重叠式垛型分为一维重叠（X 方向、Y 方向或 Z 方向）、二维重叠（XY 平面、YZ 平面或 XZ 平面）和三维重叠（XYZ 三维空间）；交错式垛型又分为正反交错式、旋转交错式和纵横交错式，如图 5-41 所示。

图 5-40 码垛

(a) 重叠式垛型

(b) 正反交错式垛型

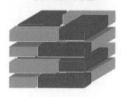

(c) 旋转交错式垛型

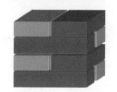

(d) 纵横交错式垛型

(e) 圆形垛

图 5-41 垛型

① 重叠式　各层码放方式相同，上下对应，层与层之间不交错堆码。

优点：操作简单，工人操作速度快，包装物四个角和边重叠垂直，承压能力大。

缺点：层与层之间缺少咬合，稳定性差，容易发生塌垛。

适用范围：货品底面积较大情况下，比较适合自动装盘操作。

② 纵横交错式　相邻两层货品的摆放旋转 90°，一层为横向放置，另一层为纵向放置，层次之间交错堆码。

优点：操作相对简单，层次之间有一定的咬合效果，稳定性比重叠式好。

缺点：咬合强度不够，稳定性不够好。

适用范围：比较适合自动装盘堆码操作。

③ 旋转交错式　第一层相邻的两个包装体都互为 90°，两层之间的堆码相差 180°。

优点：相邻两层之间咬合交叉，托盘货品稳定性较高，不容易塌垛。

缺点：堆码难度大，中间形成空穴，降低托盘承载能力。

④ 正反交错式　同一层中，不同列货品以 90°垂直码放，相邻两层货物码放形式旋转 180°。

优点：该堆码方式不同层间咬合强度较高，相邻层次之间不重缝，稳定性较高。

缺点：操作较麻烦，人工操作速度慢。

⑤ 圆形垛　与重叠垛类似，只是圆形摆放，主要应用在大型仓储中。

（3）码垛工作站的作业程序

① 运动轨迹　以袋料码垛为例，选择关节式（4 轴），末端执行器为抓取式，采用在线示教方式为机器人输入码垛作业程序，以 A 垛 I 码垛为例介绍，如图 5-42 所示，程序点说明如表 5-17 所示，作业流程如图 5-43 所示，作业示教方法如表 5-18 所示。

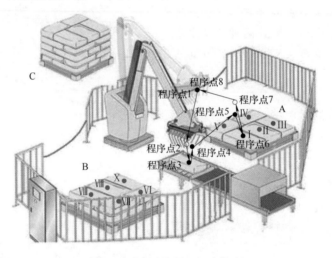

图 5-42　码垛机器人运动轨迹

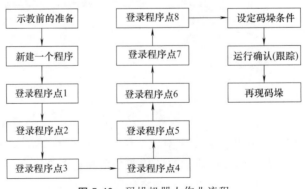

图 5-43　码垛机器人作业流程

表 5-17 程序点说明

程序点	说明	抓手动作	程序点	说明	抓手动作
程序点 1	机器人原点		程序点 5	码垛中间点	抓取
程序点 2	码垛接近点		程序点 6	码垛作业点	放置
程序点 3	码垛作业点	抓取	程序点 7	码垛规避点	
程序点 4	码垛中间点	抓取	程序点 8	机器人原点	

表 5-18 码垛作业示教方法

程序点	示教方法
程序点 1 （机器人原点）	❶按手动操作机器人要领移动机器人到码垛原点。 ❷插补方式选择"PTP"。 ❸确认并保存程序点 1 为码垛机器人原点
程序点 2 （码垛临近点）	❶手动操作码垛机器人到码垛作业接近点，并调整抓手姿态。 ❷ 插补方式选择"PTP"。 ❸确认并保存程序点 2 为码垛机器人作业接近点
程序点 3 （码垛作业点）	❶手动操作码垛机器人移动到码垛起始点且保持抓手位姿不变。 ❷插补方式选择"直线插补"。 ❸再次确认程序点，保证其为作业起始点。 ❹若有需要可直接输入码垛作业命令
程序点 4 （码垛中间点）	❶手动操作码垛机器人到码垛中间点，并适度调整抓手姿态。 ❷插补方式选择"直线插补"。 ❸确认并保存程序点 4 为码垛机器人作业中间点
程序点 5 （码垛中间点）	❶手动操作码垛机器人到码垛中间点，并适度调整抓手姿态。 ❷插补方式选择"PTP"。 ❸确认并保存程序点 5 为码垛机器人作业中间点
程序点 6 （码垛作业点）	❶手动操作码垛机器人移动到码垛作业点且调整抓手位姿以适合安放工件。 ❷插补方式选择"直线插补"。 ❸再次确认程序点，保证其为作业点。 ❹若有需要可直接输入码垛作业命令
程序点 7 （码垛规避点）	❶手动操作码垛机器人到码垛作业规避点。 ❷插补方式选择"直线插补"。 ❸确认并保存程序点 7 为码垛机器人作业规避点
程序点 8 （机器人原点）	❶手动操作码垛机器人到机器人原点。 ❷插补方式选择"PTP"。 ❸确认并保存程序点 8 为码垛机器人原点

② 码垛参数设定 码垛参数设定主要为 TCP 设定、物料重心设定、托盘坐标系设定、末端执行器姿态设定、物料重量设定、码垛层数设定、计时指令设定等。

③ 检查试运行 确认码垛机器人周围安全，进行作业程序跟踪测试：

a. 打开要测试的程序文件。

b. 移动光标到程序开头位置。

c. 按住示教器上的有关"跟踪"功能键，实现码垛机器人单步或连续运转。

④ 再现码垛

a. 打开要再现的作业程序，并将光标移动到程序的开始位置，将示教器上的"模式"开关设定到"再现/自动"状态。

b. 按示教器上伺服"ON"按钮，接通伺服电源。

c. 按"启动"按钮，码垛机器人开始运行。

（4）赋值法

① 获取关键点 码垛机器人编程时运动轨迹上的关键点坐标位置可通过示教或坐标赋

值方式进行设定，在实际生产当中若托盘相对较大，采用示教方式找寻关键点；若产品尺寸同托盘码垛尺寸合理，采用坐标赋值方式获取关键点。

采用赋值法获取关键点，如图 5-44 所示圆点为产品的几何中心点，即所需找到托盘上表面这些几何点垂直投影点所在位置。

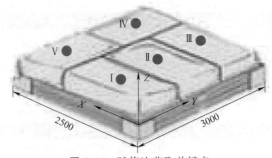

图 5-44　赋值法获取关键点

② 运算符　系统支持的运算符可以分为三类：四则运算、比较运算和逻辑运算，如表 5-19 所示。

表 5-19　运算符

运算类型	运算符号	名称	运算类型	运算符号	名称
四则运算	+	加法	比较运算	<	小于
	−	减法		>=	大于等于
	*	乘法		<=	小于等于
	/	除法	逻辑运算	AND	位与
比较运算	=	等于		OR	位或
	<>	不等于		NOT	位取反
	>	大于		XOR	位异或

③ 运算符优先级　相关运算符的相对优先级决定了求值的顺序。圆括号能够覆写运算符的优先级。运算符的优先级如表 5-20 所示。

表 5-20　运算符优先级

优先级	运算符
最高	* / DIV MOD
↑	+−
	< > <> <= >= =
	AND
最低	XOR OR NOT

从功能上，运算式的编写只有在需要改变优先级时才使用圆括号。但实际上，出于对程序易读性的考虑，使用圆括号更容易将运算级别表达清楚。

5.4.2　重叠式码垛

（1）程序流程

重叠式码垛程序可使用 FOR 循环实现，以码放的工件数作为循环次数，基于工件计数计算每个工件的取放位置。重叠式码垛程序流程如图 5-45 所示。

（2）工件拾取位置计算

① 放置　放置工件时，令 1、2、3、4 号工件为第 1 行，5、6、7、8 号工件为第 2 行，如图 5-46 所示，则第 N 号工件对应的行数为 PickHang，列数为 PickLie。假设 pick 为拾取工件 1 的位置，即基准位置，则其 X、Y

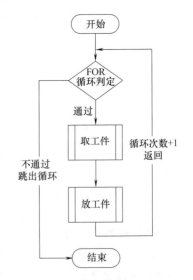

图 5-45　重叠式码垛流程

方向的偏移值为 PickOffsX、PickOffsY。

② 计算　第 N 个工件对应拾取的行列及相应偏移值的计算方式如图 5-47 所示。

可以看到如果使用传统的计数方式从 1 开始的话会产生很多加 1 减 1 的操作,增加了程序的长度,实际在使用中可以从 0 开始计数。如果使用从 0 开始计数即工件数为 0～7,行数为 0～1,列数为 0～3,则程序可简化为如图 5-48 所示。

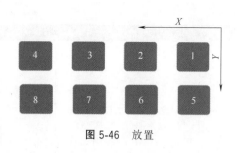

图 5-46　放置

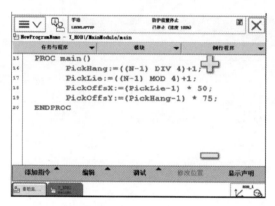

图 5-47　初始行列计算

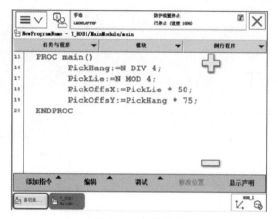

图 5-48　简化计算

(3) 工件放置位置计算

令 1、2、3、4 号工件为第 1 层,5、6、7、8 号工件为第 2 层,如图 5-49 所示。

1、3 号工件为 1 列,1、2 号为 1 行。第 N 号工件对应的行数 PutHang,列数为 PutLie,层数为 PutCeng。假设 Put 位置为码放工件 1 的位置即基准位置,其 X、Y、Z 方向的偏移值为 PutOffsX、PutOffsY,putoffsZ。第 N 个工件对应拾取的行列及相应偏移值的计算方式如图 5-50 所示。

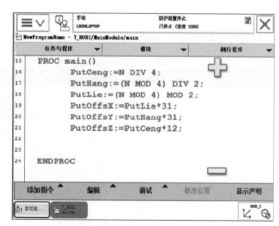

图 5-50　放置行列计算

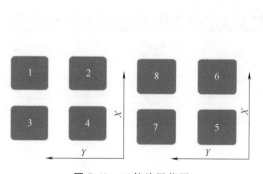

图 5-49　工件放置位置

(4) 创建码垛程序

① 步骤　创建码垛程序,利用 FOR 循环结构编写码垛程序。具体步骤如表 5-21 所示。

表 5-21　创建码垛程序步骤

步骤	说明	图示
1	创建并编写主程序 main，再创建取吸盘工具（Qu_Gongjian）、放吸盘工具（Fang_Gongjian）和码垛（MaDuo）例行程序	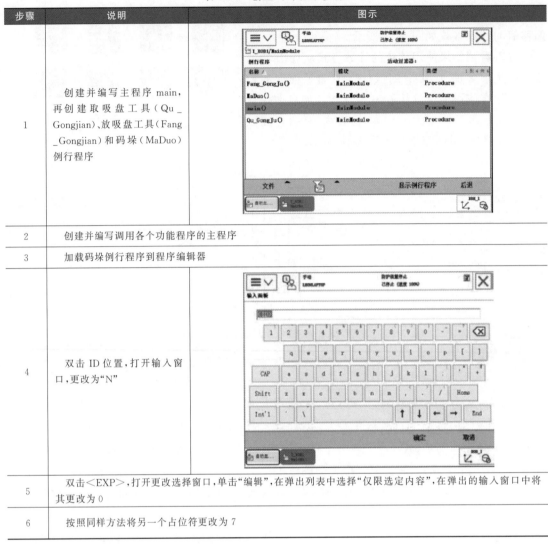
2	创建并编写调用各个功能程序的主程序	
3	加载码垛例行程序到程序编辑器	
4	双击 ID 位置，打开输入窗口，更改为"N"	
5	双击<EXP>，打开更改选择窗口，单击"编辑"，在弹出列表中选择"仅限选定内容"，在弹出的输入窗口中将其更改为 0	
6	按照同样方法将另一个占位符更改为 7	

② 声明数值型变量创建步骤见表 5-22。

表 5-22　声明数值型变量创建步骤

步骤	说明	图示
1	打开程序数据界面，选中"num"，单击"显示数据"	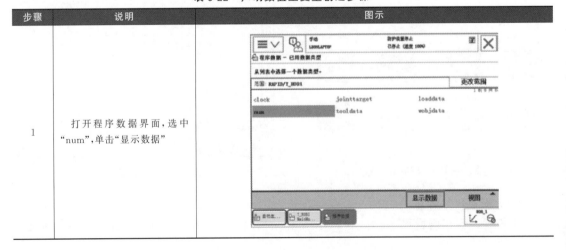

步骤	说明	图示
2	系统中已声明 reg1～reg5 变量，可直接使用。单击"新建"	
3	将变量名称更改为"Pick-OffsX"，其他参数不修改，单击"确定"	
4	新建"PickOffsX""PickOff-sY""PutOffsX""PutOffsY""PutOffsZ""PickHang""PickLie""PutHang""Put-Lie""PutCeng"变量	

③ 程序编制 重叠式码垛程序——主程序与行列计算程序如下所示。

程序	程序说明
PROC main()	主程序开始
Qu_GongJu;	调用取工具 Qu GongJu 例行程序
MaDuo;	调用码垛 MaDuo 例行程序
Fang_GongJu;	调用放工具 Fang GongJu 例行程序
ENDPROC	主程序结束
PROC MaDuo()	码垛例行程序开始
MoveAbsJ Home\NoEOffs, v200, fine, tool0;	工业机器人返回原点
FOR N FROM 0 TO 7 DO	FOR 循环 8 次
PickHang:=N DIV 4;	计算取放行列数据
PickLie:=N MOD 4;	
PickOffsX:=PickLie*50;	
PickOffsY:=PickHang*75;	
PutHang:= (N MOD) 4DIV 2;	
PutLie:= (N MOD) MOD 2;	
PutCeng:=N DIV 4;	
PutOffsX:=PutLie*31;	
PutOffsY:=PutHang*31	
PutOffsZ:=PutCeng*12;	

MoveJ Offs(pick,PickOffsX,PickOffsY,100), v200, z20, XiPan Tool;	机器人到达工件吸持位置接近点
MoveL offs(pick,PickOffsX,PickOffsY,0), v200, fine, XiPan Tool;	机器人到达工件吸持位置点
SetDO YV5, 1;	吸盘吸持工件
WaitDI SEN1, 1;	等待真空检测信号为 1
MoveL Offs(pick,PickOffsX,PickOffsY,100), v200, z20, XiPan Tool;	机器人到达工件吸持位置接近点
MoveL Offs(put,PutOffsX,PutOffsY,PutOffsZ+150), v200, z20, XiPan Tool;	机器人到达工件放置位置接近点
MoveL Offs(put,PutOffsX,PutOffsY,PutOffsZ), v200, fine, XiPan Tool;	机器人到达工件放置位置点
SetDO\Sync, YV5, 0;	吸盘释放工件
SetDO\Sync, YV4, 1;	开启真空破坏
WaitDI SEN1, 0;	等待真空检测信号为 0
WaitTime 0.1;	延时 0.1 s
SetDO\Sync, YV4, 0;	关闭真空破坏
MoveL Offs(put,PutOffsX,PutOffsY,PutOffsZ+150), v100, z20, XiPan_Tool;	机器人到达工件放置位置接近点
ENDFOR	FOR 循环结束
MoveAbsJ Home\NoEOffs, v200, fine, tool0;	工业机器人返回原点码垛例行程序
ENDPROC	结束

④ 记录取放位置数据见表 5-23。

表 5-23 记录取放位置数据

步骤	说明	图示
1	打开"程序数据",选中"robtarget",单击"显示数据"	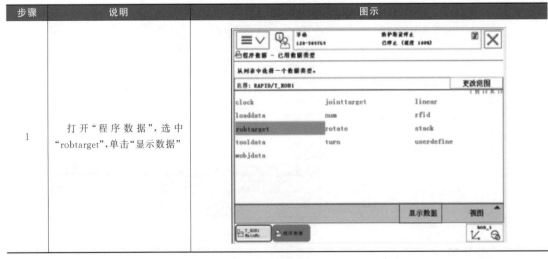

步骤	说明	图示
2	在大地坐标系下将机器人移动到工件1的拾取位置	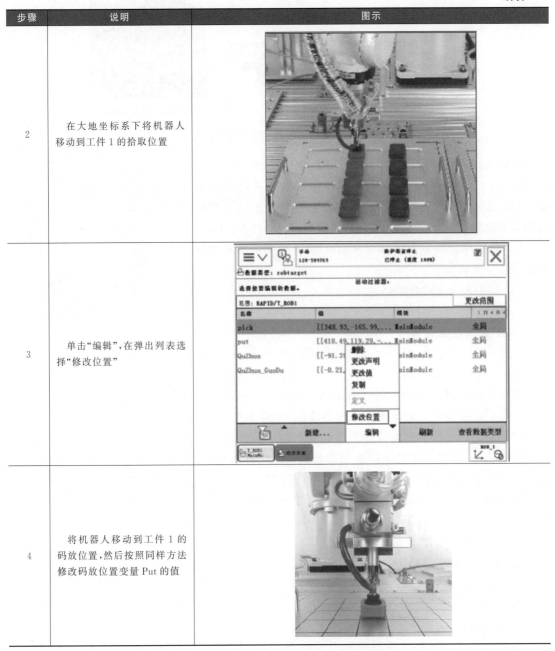
3	单击"编辑",在弹出列表选择"修改位置"	
4	将机器人移动到工件1的码放位置,然后按照同样方法修改码放位置变量Put的值	

5.4.3 纵横交错式码垛

现有一批长方体工件,工件长为60mm,宽为30mm,高为12mm。如图5-51所示,将2行4列整齐摆放的8个工件(行间距为50mm,列间距为75mm)码垛成纵横交错式结构(行间距为31mm,层间距为12mm)。

(1)纵横交错码垛程序流程

使用跳转结构实现循环,以码放的工件数作为循环次数,基于工件计数计算每个工件的取放位置,正反交错式码垛程序流程如图5-52所示。

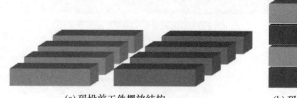

(a) 码垛前工件摆放结构　　　　　　(b) 码垛后工件摆放结构

图 5-51　纵横交错式码垛

（2）拾取位置计算

令 1、2、3、4 号工件为第 1 行，5、6、7、8 号工件为第 2 行，如图 5-53 所示。假设 pick 位置为拾取工件 1 的位置即基准位置，其 X、Y 方向的偏移值为 PickOffsX、Pick-OffsY。令工件计数为 N（从 0 开始），各工件对应拾取的偏移值的计算方式如下：

PickOffsX: =（NMOD4）* 50;

PickOffsY: =（NDIV4）* 75;

（3）放置位置计算

假设码垛位置 X、Y、Z 方向的偏移值为 PutOffsX、PutOffsY、PutOffsZ。每两个工件为 1 层，在不同的层数工件的码放方向也是不同的，PutOffsX 与 PutOffsY 的计算方法会随奇偶层数变化，还需定义工件的旋转 PutOffsA。

每一层的偏移值为固定值即工件高度。由于偏移计算需要使用 Reltool 功能，工具坐标系 Z 方向与大地坐标系相反，应取 "—" 表示负方向，所以系数是 "—12"。

PutOffsZ: =（NDIV2）*（-12）；由于计数从 0 开始，所以实际对应的是奇数层，即第 1、3、…层。偶数层的 X、Y 及角度偏移值计算如下：

ELSEIF（（NDIV2）MOD2）=1THEN

PutOffsX: =16;

PutOffsY: =16-（NMOD2）* 32;

PutOffsA: =90;

由于计数从 0 开始，所以实际对应的是偶数层即第 2、4、…层。奇数层的 X、Y 及角度偏移值计算如下：

ELSEIF（（NDIV2）MOD2）=0THEN

PutOffsX: =（NMOD2）* 32;

PutOffsY: =0;

PutOffsA: =0;

（4）纵横交错码垛程序

主程序与位置计算程序如下所示：

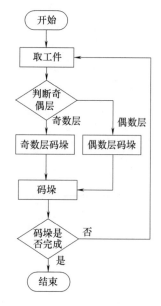

图 5-52　正反交错式
码垛程序流程

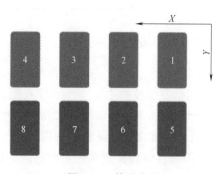

图 5-53　拾取位置

程序	程序说明
PROC main()	主程序开始
Qu_GongJu;	调用取工具 Qu GongJu 例行程序
MoveAbsJ Home\NoEOffs,v200,fine,tool0;	工业机器人返回原点
MaDuo;	调用 MaDuo 例行程序
MoveAbsJ Home\NoEOffs,v200,fine,tool0;	工业机器人返回原点
Fang_GongJu;	调用 Fang GongJu 例行程序
ENDPROC	主程序结束
PROC MaDuo()	MaDuo 例行程序开始
Label1:	Label1 标签
PickOffsX:=(N MOD 4)*50;	计算工件取放位置数据
PickOffsY:=(N DIV 4)*75;	
PutOffsZ:=(N DIV 2)*(-12);	
IF ((N DIV 2) MOD 2)=0 THEN	
PutOffsX:=(N MOD 2)*32;	
PutOffsY:=0;	
PutOffsA:=0;	
ELSEIF ((N DIV 2) MOD 2)=1 THEN	
PutOffsX:=16;	
PutOffsY:=16-(N MOD 2)*32;	
PutOffsA:=90;	
ENDIF	
MoveJ Offs(pick,PickOffsX,PickOffsY,100),v200,z20,XiPan_Tool;	机器人到达工件吸持位置接近点
MoveL Offs(pick,PickOffsX,PickOffsY,0),v200,fine,XiPan_Tool;	机器人到达工件吸持位置点
SetDO YV5,1;	吸盘吸持工件
WaitDI SEN1,1;	等待真空检测信号为 1
MoveL Offs(pick,PickOffsX,PickOffsY,100),v200,z20,XiPan_Tool;	机器人到达工件吸持位置接近点
MoveL RelTool(put,PutOffsX,PutOffsY,PutOffsZ-100\Rz:=PutOffsA),v200,z20,XiPan_Tool;	机器人到达工件放置位置接近点
MoveL RelTool(put,PutOffsX,PutOffsY,PutOffsZ\Rz:=PutOffsA),v200,fine,XiPan_Tool;	机器人到达工件放置位置点
SetDO\Sync,YV5,0;	吸盘释放工件
SetDO\Sync,YV4,1;	开启真空破坏
WaitDI SEN1,0;	等待真空检测信号为 0
SetDO\Sync,YV4,0;	关闭真空破坏
MoveL RelTool(put,PutOffsX,PutOffsY, PutOffsZ-100\Rz:=PutOffsA),v200,z20,XiPan_Tool;	机器人到达工件放置位置接近点
Incr N;	变量 N 自增 1
IF N=8 THEN	判断 N 是否
GOTO Label2;	无条件跳转到 Label2
ENDIF	
GOTO Label1;	无条件跳转到 Label1
Label2:	Label1 标签
ENDPROC	码垛例行程序结束

5.4.4　旋转交错式码垛

现有一批长方体工件，工件长为 60mm，宽为 30mm，高为 12mm。如图 5-54 所示，将 3 行 4 列整齐摆放的 12 个工件（行间距为 50mm，列间距为 75mm）码垛成旋转交错式的结构（单层码放的形式为相邻两工件旋转 90°首尾相接，相邻两层间旋转 180°，层间距为 12mm）。

(a) 码垛前工件摆放结构

(b) 码垛后工件摆放结构

图 5-54　旋转交错式码垛

（1）程序流程图

使用条件循环结构编写旋转交错式码垛程序，以码放的层数作为循环条件。通过奇、偶层数不同以及工件位置分别计算每个工件的取放位置。旋转交错式码垛程序流程图如图5-55所示。

（2）拾取位置计算

假设pick位置为拾取工件1的位置即基准位置，其 X、Y 方向的偏移值为PickOffsX、PickOffsY。N 为工件计数（从0开始），各工件对应拾取的偏移值的计算方式如下：

PickOffsX：=（NMOD4）＊50；

PickOffsY：=（NDIV4）＊75；

（3）码垛位置计算

假设码垛位置 X、Y、Z 方向的偏移值为PutOffsX、PutOffsY、PutOffsZ。旋转偏移值 PutOffsA。每一层的偏移值为固定值，即工件高度，与层数的关系如图5-56所示。由于偏移计算需要使用Reltool功能，工具坐标系 Z 方向与大地坐标系相反，向上为负方向，所以系数是"－12"。

PutOffsZ：=－12＊PutCeng；

偶数层的 X、Y 及角度偏移值计算如图5-56所示。由于计数从0开始，所以实际对应的是奇数层即第1、3、…层。奇数层的 X、Y 及角度偏移值计算如图5-56所示。由于计数从0开始，所以实际对应的是偶数层即第2、4、…层。以中心位置为基准点，各个工件相对偏移值依次如表5-24所示。

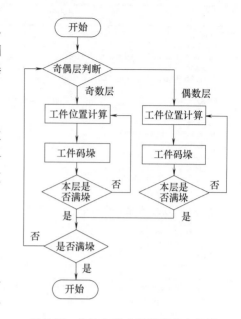

图5-55　旋转交错式码垛程序流程图

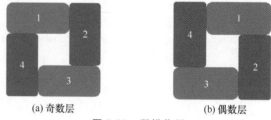

(a) 奇数层　　　　　(b) 偶数层

图5-56　码垛位置

表5-24　工件相对偏移值

奇偶层	工件号	工件位置数据
奇数层	1	PutOffsX：=31　PutOffsY：=16　PutOffsA：=0
奇数层	2	PutOffsX：=－16　PutOffsY：=31　PutOffsA：=90
奇数层	3	PutOffsX：=－31　PutOffsY：=－16　PutOffsA：=0
奇数层	4	PutOffsX：=16　PutOffsY：=－31　PutOffsA：=90
偶数层	1	PutOffsX：=31　PutOffsY：=－16　PutOffsA：=0
偶数层	2	PutOffsX：=16　PutOffsY：=31　PutOffsA：=90
偶数层	3	PutOffsX：=－31　PutOffsY：=16　PutOffsA：=0
偶数层	4	PutOffsX：=－16　PutOffsY：=－31　PutOffsA：=90

（4）码垛程序

① 抓取位置与奇数层位置定义。

工业机器人应用编程自学·考证·上岗一本通（初级）

程序	程序说明
PROC MaDuo()	码垛例行程序开始
WHILE PutCeng<3 DO	WHILE 循环 3 次
PickOffsX:=(N MOD 4)*50;	工件抓取 X 方向位置
PickOffsY:=(N DIV 4)*75;	工件抓取 Y 方向位置
PutOffsZ:=-12*PutCeng;	工件放置 Z 方向位置
IF (PutCeng MOD 2)=1 THEN	奇数层工件位置数据
TEST N MOD 4	
CASE 0:	
PutOffsX:=31; PutOffsY:=16; PutOffsA:=0;	
CASE 1:	
PutOffsX:=-16; PutOffsY:=31; PutOffsA:=90;	
CASE 2:	
PutOffsX:=31; PutOffsY:=-16; PutOffsA:=0;	
CASE 3:	
PutOffsX:=16; PutOffsY:=-31; PutOffsA:=90;	
ENDTEST	

② 偶数层位置定义。

程序	程序说明
ELSEIF (PutCeng MOD 2)=0 THEN	偶数层工件位置数据
TEST N MOD 4	
CASE 0:	
PutOffsX:=31; PutOffsY:=-16; PutOffsA:=0;	
CASE 1:	
PutOffsX:=16; PutOffsY:=31; PutOffsA:=90;	
CASE 2:	
PutOffsX:=-31; PutOffsY:=16; PutOffsA:=0;	
CASE 3:	
PutOffsX:=-16; PutOffsY:=-31; PutOffsA:=90;	
ENDTEST	
ENDIF	

③ 码垛轨迹。

程序	程序说明
MoveJ Offs(pick,PickOffsX,PickOffsY,100), v200,z20,XiPan_Tool;	机器人到达工件吸持位置接近点
MoveL Offs(pick,PickOffsX,PickOffsY,0), v200,fine,XiPan_Tool;	机器人到达工件吸持位置点
SetDO YV5,1;	吸盘吸持工件
WaitDI SEN1,1;	等待真空检测信号为 1
MoveL Offs(pick,PickOffsX,PickOffsY,100), v200,z20,XiPan_Tool;	机器人到达工件吸持位置接近点
Incr N;	工件个数增 1
MoveL RelTool(put,PutOffsX,PutOffsY, PutOffsZ-100\Rz:=PutOffsA),v200,z20,XiPan_Tool;	机器人到达工件放置位置接近点
MoveL RelTool(put,PutOffsX,PutOffsY, PutOffsZ\Rz:=PutOffsA),v200,fine,XiPan_Tool;	机器人到达工件放置位置点
SetDO\Sync,YV5,0;	吸盘释放工件
SetDO\Sync,YV4,1;	开启真空破坏
WaitDI SEN1,0;	等待真空检测信号为 0
SetDO\Sync,YV4,0;	关闭真空破坏
MoveL RelTool(put,PutOffsX,PutOffsY,PutOffsZ-100\Rz:=PutOffsA),v150,z20,XiPan_Tool;	机器人到达工件放置位置接近点
PutCeng:=N DIV 4;	工件个数整除 4 结果赋值给 N
ENDWHILE	WHILE 循环结束
ENDPROC	码垛例行程序结束

④ 主程序。

程序	程序说明
PROC main()	主程序开始
ClkReset clock1;	复位时钟变量 clock1
ClkStart clock1;	开启时钟变量 clock1
Qu_GongJu;	调用取工件 Qu_GongJu 例行程序
MoveAbsJ Home\NoEOffs,v200,fine,tool0;	工业机器人返回原点
MaDuo;	调用码垛 MaDuo 例行程序
MoveAbsJ Home\NoEOffs,v200,fine,tool0;	工业机器人返回原点
Fang_GongJu;	调用放工件 Fang_GongJu 例行程序
ClkStop clock1;	停止时钟变量 clock_test
reg1 := ClkRead(clock1);	读取时钟变量 clock_test
ENDPROC	主程序结束

5.4.5 环形仓码垛

机器人仓储码垛有常见的直线垛型，也有如图 5-57 的环形垛型。环形垛型可以更好地利用 6 轴工业机器人自身的机械结构优势，完成产品的中转和分拣。

对于环形仓码垛，通常机器人位于环形的中间，故各产品位置可以利用产品到中心的距离以及相应角度，通过计算得到具体位置坐标。

假设如图 5-41（e）的抓取位置为基准位置，此处位置与环形中心相聚 1500mm。利用机器人坐标系 X、Y、Z 对应方向，计

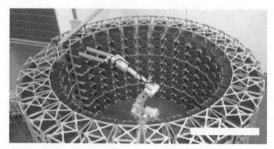

图 5-57　环形垛型

算点位数组中各元素的位置，此处按如图 5-41e 顺序 1～9 码垛。

1　count：=1;

2　radius：=1500；

3　FOR j　　FROM　1　TO　3　DO;假设共三层

4　FOR i　FROM　−4　TO　4　DO! 每层共 9 个，如图 5-41(e)所示，开始的位置可以为 1～9 中的任一个位置

5　pPlace_cal{count}:=pPlace0;

6　pPlace_cal{count}.trans.x:=radius * cos(i * 36);! 计算坐标

7　pPlace_cal{count}.trans.y:=radius * sin(i * 36);

8　pPlace_cal{count}.trans.z:=pPlace0.trans.z+(j−1) * 205;

8　pPlace_cal{count}:=RelTool(pPlace_cal{count},0,0,0\Rz:=−i * 36);! 修正点位姿态,此处假设机器人工具 z 垂直向下

10　count:=count+1;

11　ENDFOR

12　ENDFOR

由于机器人在环形仓中运动时，运动范围较大，通常为轴 1 旋转较大角度，若直接使用 MoveJ，则可能产生碰撞/姿态奇异等问题。故在从抓取位置去放置位置时，先移动到抓取位置，再基于该位置获取 jointtarget，让机器人只是先轴 1 旋转一定角度后，再去放置

位置。

1 jtmp:=CJointT(); ！获取机器人抓取位置

2 jointtarget

3 jtmp2:=CJointT();

4 IF count>9 THEN count:=count-9;

5 IF count>9 count:=count-9;

6 ENDIF

7 jtmp. robax. rax_1:=jtmp. robax. rax_1+count * 36-10; ！计算机器人轴1位置的坐标,只有轴1移动,其他5轴不动

8 MoveAbsJ jtmpNoEOffs,v5000,fine,tVacuumWObj:=wobj0;！先只移动一轴

9 MoveJ offs(pPlace{i},0,0,200),v5000,z10,tVacuumWObj:=wobj0; ！再移动到计算得到的放置位置

第6章

工业机器人的维护

6.1 维护标准

6.1.1 间隔说明

不同的工业机器人维护时间间隔是有异的，表 6-1 对某工业机器人所需的维护活动和时间间隔进行了明确说明。

6.1.2 清洁工业机器人

（1）注意事项

清洁机器人时必须注意和遵守规定的指令，以免造成损坏。这些指令仅针对机器人。清洁设备部件、工具以及机器人控制系统时，必须遵守相应的清洁说明。

使用清洁剂和进行清洁作业时，必须注意以下事项：

① 仅限使用不含溶剂的水溶性清洁剂。

② 切勿使用可燃性清洁剂。

③ 切勿使用强力清洁剂。

④ 切勿使用蒸汽和冷却剂进行清洁。

⑤ 不得使用高压清洁装置清洁。

⑥ 清洁剂不得进入电气或机械设备部件中。

⑦ 注意人员保护。

（2）操作步骤

① 停止运行机器人。

表 6-1　维护标准

序号	维护活动	部位	间隔
1	清洁	机器人	随时
2	检查	轴 1 齿轮箱，油位	6 个月
3	检查	轴 2 和轴 3 齿轮箱，油位	6 个月
4	检查	轴 6 齿轮箱，油位	6 个月
5	检查	机器人线束	12 个月[①]
6	检查	信息标签	12 个月
7	检查	机械停止，轴 1	12 个月
8	检查	阻尼器	12 个月
9	更换	轴 1 齿轮油	当 DTC[②] 读数达 6000 小时进行第一次更换。当 DTC 读数达到 20000 小时进行第二次更换。随后的更换时间间隔是：20000 小时
10	更换	轴 2 齿轮油	
11	更换	轴 3 齿轮油	
12	更换	轴 6 齿轮油	
13	大修	机器人	30000 小时
14	更换	SMB 电池组	低电量警告[③]
15	检查	信号灯	12 个月
16	更换	电缆线束	30000 小时[④]（不包括选装上臂线束）
17	更换	齿轮箱[⑤]	30000 小时

① 检测到组件损坏或泄漏，或发现其接近预期组件使用寿命时，更换组件。

② DTC＝运行计时器。显示机器人的运行时间。

③ 电池的剩余后备容量（机器人电源关闭）不足 2 个月时，将显示低电量警告（38213 电池电量低）。通常，如果机器人电源每周关闭 2 天，则新电池的使用寿命为 36 个月，而如果机器人电源每天关闭 16 小时，则新电池的使用寿命为 18 个月。对于较长的生产中断，通过电池关闭服务例行程序可延长使用寿命（大约 3 倍）。

④ 严苛的化学或热环境，或类似的环境可导致预期使用寿命缩短。

⑤ 根据应用的不同，使用寿命也可能不同。为单个机器人规划齿轮箱维修时，集成在机器人软件中的 Service Information System（SIS）可用作指南。此原则适用于轴 1～轴 3 和轴 6 上的齿轮箱。在某些应用（如铸造或清洗）中，机器人可能会暴露在化学物质、高温或湿气中，这些都会对齿轮箱的使用寿命造成影响。

② 必要时停止并锁住邻近的设备部件。

③ 如果为了便于进行清洁作业而需要拆下罩板，则将其拆下。

④ 对机器人进行清洁。

⑤ 从机器人上重新完全除去清洁剂。

⑥ 清洁生锈部位，然后涂上新的防锈材料。

⑦ 从机器人的工作区中除去清洁剂和装置。

⑧ 按正确的方式清除清洁剂。

⑨ 将拆下的防护装置和安全装置全部装上，然后检查其功能是否正常。

⑩ 更换已损坏、不能辨认的标牌和盖板。

⑪ 重新装上拆下的罩板。

⑫ 仅将功能正常的机器人和系统重新投入运行。

（3）用布擦拭

食品行业中高清洁等级的食品级润滑机器人在清洁后，确保没有液体流入机器人或滞留在缝隙或表面。

（4）用水和蒸汽清洁

防护类型 IP67（选件）的 IRB1200 可以用水冲洗（水清洗器）的方法进行清洁。需满足以下操作条件。

① 喷嘴处的最大水压：不超过 $700kN/m^2$（7bar，标准的水龙头水压和水流）。

② 应使用扇形喷嘴，最小散布角度 45°。

③ 从喷嘴到封装的最小距离：0.4m。

④ 最大流量：20L/min。

（5）电缆

可移动电缆需要能自由移动。如果沙、灰和碎屑等废弃物妨碍电缆移动，则将其清除。如果发现电缆有硬皮，则要马上进行清洁。

6.2 │ 检查与更换

6.2.1　检查

（1）检查齿轮箱油位

① 关闭连接到机器人的电源、液压源、气压源，然后再进入机器人工作区域。

② 打开检查油塞。

③ 检查所需的油位：轴1～轴3齿轮箱油塞孔下最多5mm。轴6所需的油位：电机安装表面之下 23mm±2mm。

④ 根据需要加油。

⑤ 重新装上检查油塞。

（2）检查电缆线束

① 电缆线束位置：机器人轴1～轴6的电缆线束位置如图6-1所示。

② 检查电缆线束步骤：

a. 关闭连接到机器人的电源、液压源、气压源，然后再进入机器人工作区域。

b. 对电缆线束进行全面检查，以检测磨损和损坏情况。

c. 检查底座上的连接器。

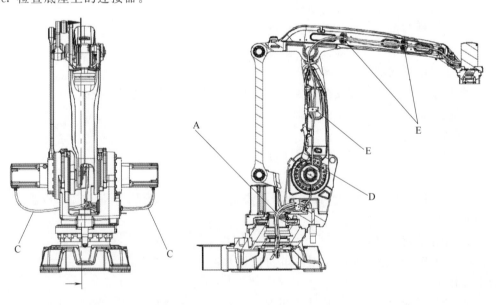

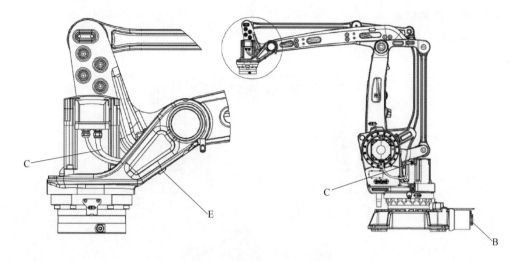

图 6-1　机器人电缆线束位置

A—机器人电缆线束，轴 1～6；B—底座上的连接器；C—电机电缆；D—电缆导向装置，轴 2；E—金属夹具

d. 检查电机电缆。

e. 检查电缆导向装置，轴 2。如有损坏，将其更换。

f. 检查下臂上的金属夹具。

g. 检查上臂内部固定电缆线束的金属夹具，如图 6-2 所示。

h. 检查轴 6 上固定电机电缆的金属夹具。

i. 如果检测到磨损或损坏，则应更换电缆线束。

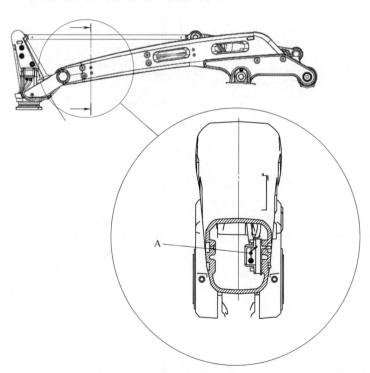

图 6-2　上臂内部固定电缆线束的金属夹具

A—上臂内部的金属夹具

（3）检查信息标签

① 标签位置见图 6-3。

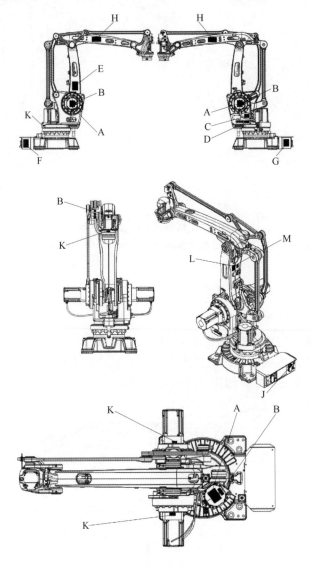

图 6-3　标签位置

A—警告标签"高温"（位于电机盖上），3HAC4431-1（3pcs）；B—警告标签"闪电符号"（位于电机盖上），3HAC1589-1（4pcs）；C—组合警告标签"移动机器人""用手柄关闭"和"拆卸前参阅产品手册"，3HAC17804-1；D—组合警告标签"制动闸释放""制动闸释放按钮"和"移动机器人"，3HAC8225-1；E—起吊机器人的说明标签，3HAC039135-001；F—警告标签"拧松螺栓时的翻倒风险"，3HAC9191-1；G—底座上的规定了向齿轮箱注入哪种油的信息标签，3HAC032906-001；H—ABB标识，3HAC17765-2（2pcs）；J—UL标签，3HAC2763-1；K—每个齿轮箱旁边，规定齿轮箱使用哪种油的信息标签，3HAC032726-001（4pcs）；L—序列号标签；M—校准标签

② 检查标签步骤：

a. 关闭连接到机器人的电源、液压源、气压源，然后再进入机器人工作区域。

b. 检查位于图示位置的标签。

c. 更换所有丢失或受损的标签。

（4）检查额外的机械停止

① 机械停止的位置　图 6-4 所示为轴 1 上额外的机械停止的位置。

② 检查机械停止步骤：

a. 关闭连接到机器人的电源、液压源、气压源，然后再进入机器人工作区域。

b. 检查轴 1 上的额外机械停止是否受损。

c. 确保机械停止安装正确。机械停止的正确拧紧转矩（轴 1）：115N·m。

d. 如果检测到任何损伤，则必须更换机械停止！正确地连接螺钉（轴 1）：M12×40，质量等级 12.9。

（5）检查阻尼器

① 阻尼器的位置如图 6-5 所示。

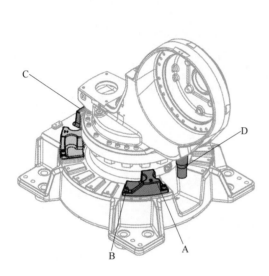

图 6-4　轴 1 上额外的机械停止的位置
A—额外的机械停止，轴 1；B—连接
螺钉和垫圈（2pcs）；C—固定的
机械停止；D—机械停止销，轴 1

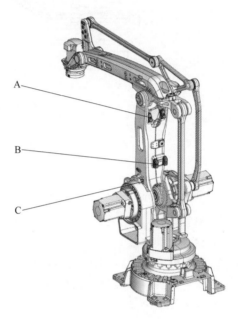

图 6-5　阻尼器的位置
A—阻尼器，下臂上部（2pcs）；B—阻尼器，下臂下部
（2pcs）；C—阻尼器，轴 2（2pcs）；D—阻尼器，
轴 3（2pcs）（在本视图中不可见）

② 检查阻尼器：

a. 关闭连接到机器人的电源、液压源、气压源，然后再进入机器人工作区域。

b. 检查所有阻尼器是否受损、破裂或存在大于 1mm 的印痕。

c. 检查连接螺钉是否变形。

d. 如果检测到任何损伤，必须用新的阻尼器更换受损的阻尼器。

（6）检查信号灯（选件）

① 信号灯的位置如图 6-6 所示。

② 检查信号灯的步骤：

a. 当电机运行时（"MOTORS ON"），检查信号灯是否常亮。

b. 关闭连接到机器人的电源、液压源、气压源，然后再进入机器人工作区域。

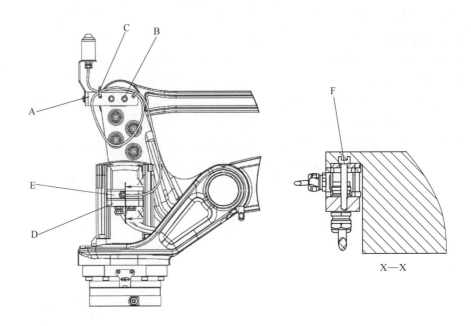

图 6-6   信号灯的位置

A—信号灯支架；B—连接螺钉 M8×12 和支架（2pcs）；C—电缆带（2pcs）；
D—电缆接头盖；E—电机适配器（包括垫圈）；F—连接螺钉，M6×40（1pc）

c. 如果信号灯未常亮，应通过以下方式查找故障：

ⓐ 检查信号灯是否已经损坏。如已损坏，应更换该信号灯。

ⓑ 检查电缆连接。

ⓒ 测量在轴 6 电机连接器处的电压，查看该电压是否等于 24V。

ⓓ 检查布线。如果检测到故障，应更换布线。

（7）检查同步带

① 检查   有的工业机器人采用同步带传动，比如 IRB1200 机器人的同步带位置如图 6-7 所示。其检查步骤如表 6-2 所示。

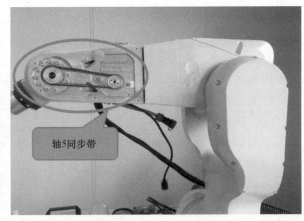

图 6-7   同步带的位置

表 6-2　检查同步带步骤

步骤	操作	注释
1	关闭连接到机器人的所有电源、液压供应系统、气压供应系统	
2	卸除盖子即可看到每条同步带	应用 2.5mm 内六角圆头扳手,长 110mm
3	检查同步带是否损坏或磨损	
4	检查同步带轮是否损坏	
5	如果检查到任何损坏或磨损,则必须更换该部件	
6	检查每条皮带的张力。如果皮带张力不正确,应进行调整	轴 4:F＝30N 轴 5:F＝26N

② 测量和调整齿形带张力　现在有的工业机器人还采用同步齿形带,故测量和调整其张力就显得尤为重要。现以测量和调整 KUKA 工业机器人 A5 和 A6 齿形带张力为例来介绍。

A5 和 A6 齿形带张力测量和调整方法都相同。A5 处于水平位置,A6 上没有安装工具。

注意:机器人意外运动可能会导致人员受伤及设备损坏。如果在可运行的机器人上作业,则必须通过操作紧急停止装置锁定机器人。在重新投入运行开始前应向参与工作的相关人员发出警示。

说明:如果要在机器人停止运行后立即测量和调整齿形带张力,则必须考虑齿形带表面温度可能会导致烫伤,要戴上防护手套。

a. 将 7 根半圆头法兰螺栓 M3×10-10.9 从盖板上拧出,并取下盖板 (图 6-8)。

b. 松开电机 A5 上的 2 根半圆头法兰螺栓 M4×10-10.9 (图 6-9)。

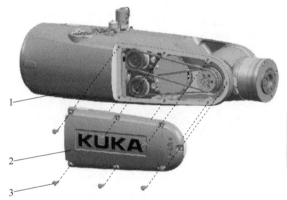

图 6-8　将盖板从机器人腕部上拆下

1—机器人腕部;2—盖板;3—半圆头法兰螺栓

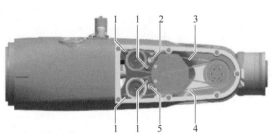

图 6-9　张紧齿形带

1—半圆头法兰螺栓;2—电机托架 A5 开口;3—齿形带 A5;
4—齿形带 A6;5—电机托架 A6 开口

c. 将合适的工具 (例如:螺钉旋具) 插入电机托架上相应的开口中,并小心地向左按压电机,以张紧齿形带 A5。

d. 略微拧紧电机 A5 上的 2 根半圆头法兰螺栓 M4×10－10.9。

e. 将齿形带张力测量设备投入使用 (图 6-10)。

f. 拉紧齿形带 A5,将齿形带中间的传感器与摆动的齿形带之间的距离保持在 2~3mm。根据齿形带张力测量设备读取测量结果。注意齿形带与齿形带齿轮应啮合正确 (图 6-11)。

g. 拧紧电机 A5 上的 2 根半圆头法兰螺栓 M4×10－10.9,$M＝1.9N\cdot m$。

h. 将机器人投入运行,并双向移动 A5。

i. 通过按下紧急停止装置锁闭机器人。

j. 重新测量齿形带张力。如果测得的数值与表中的数值不一致，则重复工作步骤 b～g。

k. 针对齿形带 A6，执行工作步骤 b～g。

l. 装上盖板，然后用 7 根新的半圆头法兰螺栓 M3×10－10.9 将其固定，$M=0.8\text{N} \cdot \text{m}$。

图 6-10　齿形带张力测量设备

1—齿形带张力测量设备；2—传感器

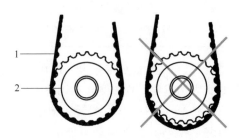

图 6-11　齿形带和齿形带齿轮啮合

1—齿形带；2—齿形带齿轮

6.2.2　更换

（1）换油

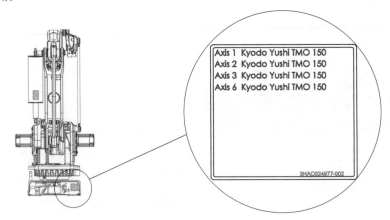

图 6-12　机器人底座处的标签

① 机器人底座处的标签　机器人底座处的标签显示所有齿轮箱用油的类型，如图 6-12 所示。

② 位置　轴 1 齿轮箱位于机架和底座之间，如图 6-13 所示，排油塞如图 6-14 所示。轴 2 和轴 3 的齿轮箱位于电机连接处下方、下臂旋转中心处。图 6-15 显示轴 2 齿轮箱的位置。图 6-16 显示轴 3 齿轮箱的位置。轴 6 齿轮箱位于倾斜机壳装置的中心，如图 6-17 所示。

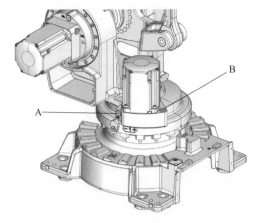

图 6-13　轴 1 齿轮箱位置

A—查油塞；B—注油塞

工业机器人应用编程自学·考证·上岗一本通（初级）

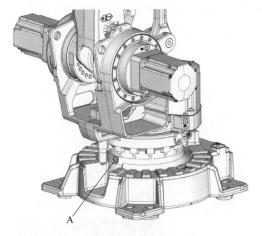

图 6-14　排油塞

A—排油塞

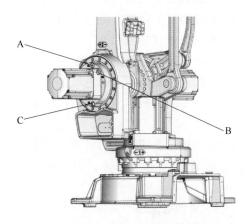

图 6-15　轴 2 齿轮箱的位置

A—轴 2 齿轮箱通风孔塞；B—注油塞；C—排油塞

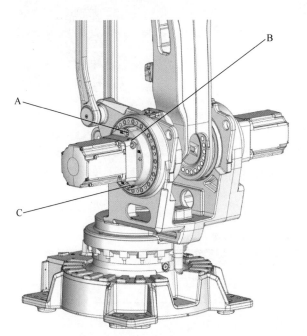

图 6-16　轴 3 齿轮箱的位置

A—轴 2 齿轮箱通风孔塞；B—注油塞；C—排油塞

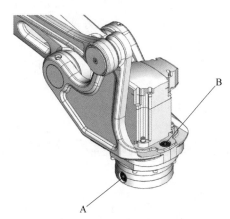

图 6-17　轴 6 齿轮箱的位置

A—排油塞；B—注油塞

③ 轴 1～轴 3 排油操作步骤：

a. 关闭连接到机器人的电源、液压源、气压源，然后再进入机器人工作区域。

b. 对于轴 1 来说，卸下注油塞，可让排油速度加快。对于轴 2、轴 3 来说，要卸下通风孔塞。

c. 卸下排油塞并用带油嘴和集油箱的软管排出齿轮箱中的油。

d. 重新装上油塞。

④ 轴 6 排油操作步骤：

a. 将倾斜机壳置于适当的位置。

b. 关闭连接到机器人的电源、液压源、气压源，然后再进入机器人工作区域。

c. 通过卸下排油塞，将润滑油排放到集油箱中，同时卸下注油塞。

d. 重新装上排油塞和注油塞。

⑤ 轴1～轴6注油操作步骤：

a. 关闭连接到机器人的电源、液压源、气压源，然后再进入机器人工作区域。

b. 对于轴1、轴6来说，打开注油塞。对于轴2、轴3来说，同时还应拆下通风孔塞。

c. 向齿轮箱重新注入润滑油。需重新注入的润滑油量取决于之前排出的润滑油量。

d. 对于轴1、轴6来说，重新装上注油塞。对于轴2、轴3来说，应重新装上注油塞和通风孔塞。

（2）更换电池组

电池的剩余后备电量（机器人电源关闭）不足2个月时，将显示电池低电量警告（38213 电池电量低）。通常，如果机器人电源每周关闭2天，则新电池的使用寿命为36个月，而如果机器人电源每天关闭16小时，则新电池的使用寿命为18个月。对于较长的生产中断，通过电池关闭服务例行程序可延长使用寿命（大约提高使用寿命3倍）。

① 更换电池组的准备：

电池组的位置如图6-18所示，使用2.5mm内六角圆头扳手，长110mm，还需刀具、塑料扎带等。

将机器人各个轴调至其零位位置，以便于转数计数器更新，并关闭连接到机器人的所有电源、液压供应系统、气压供应系统。

② 卸下电池组步骤见表6-3。

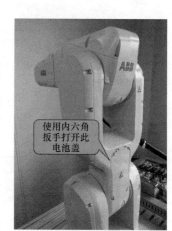

图6-18　电池组的位置

表6-3　卸下电池组步骤

步骤	操作	图示
1	确保电源、液压和压缩空气都已经全部关闭	
2	该装置易受ESD影响，应释放静电	
3	对于CleanRoom版机器人：在拆卸机器人的零部件时，应务必使用刀具切割漆层以免漆层开裂，并打磨漆层毛边以获得光滑表面	
4	卸下下臂连接器盖的螺钉并小心地打开盖子。注意盖子上连着的线缆	

步骤	操作	图示
5	拔下 EIB 单元的 R1. ME1-3、R1. ME4-6 和 R2. EIB 连接器	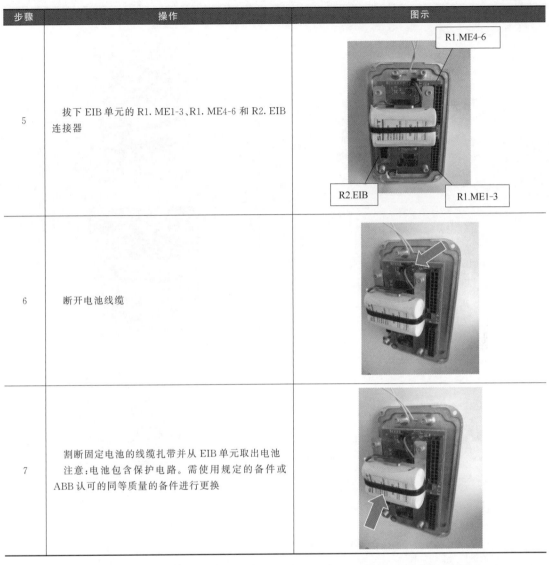
6	断开电池线缆	
7	割断固定电池的线缆扎带并从 EIB 单元取出电池 注意:电池包含保护电路。需使用规定的备件或 ABB 认可的同等质量的备件进行更换	

③ 重新安装电池组步骤见表 6-4。

表 6-4　重新安装电池组步骤

步骤	操作	注释
1	该装置易受 ESD 影响,应释放静电	
2	CleanRoom 版机器人:清洁已打开的接缝	
3	安装电池并用线缆捆扎带固定 注意:电池包含保护电路。需使用规定的备件或 ABB 认可的同等质量的备件进行更换	

步骤	操作	注释
4	连接电池线缆	
5	用固定电池的线缆扎带扎好电池	R1.ME4-6 R2.EIB R1.ME1-3
6	用螺钉将 EIB 盖装回到下臂 螺钉:M3×8 拧紧转矩:1.5N·m 注意:需使用原来的螺钉,切勿用其他螺钉替换	
7	CleanRoom 版机器人:密封和对盖子与本体的接缝进行涂漆处理 注意:完成所有维修工作后,用蘸有酒精的无绒布擦掉机器人上的颗粒物	

（3）其他操作

更新转数计数器。对于 CleanRoom 版机器人:清洁打开的关节相关部位并将其涂漆。完成所有工作后,用蘸有酒精的无绒布擦掉 CleanRoom 机器人上的颗粒物。

要确保在执行首次试运行时,满足所有安全要求。

6.3 工业机器人运行状态监测

6.3.1 工业机器人运行参数检测

（1）机械单元

在示教器上按下"机械单元"键,显示当前选择手动控制的机械单元,在手动操纵机器人运动或者程序调试过程中，可以在手动操纵界面查看当前机器人的运行参数，包括当前使用的机械单元、机器人当前的动作模式、使用的工具坐标系、工件坐标系、有效载荷等。在示教器上选择各功能按钮（除去灰色部分）后可进入对应的设置界面，如图 6-19 所示。

（2）绝对精度： Off

"绝对精度：Off"（关闭）为默认值，如果机器人配备了 Absolute Accuracy 选件，则会显示"绝对精度：开启"，如图 6-19 所示。

（3）动作模式

工业机器人当前的动作模式有单轴、线性、重定位几种选项，如图 6-20 所示。

图 6-19　机械单元

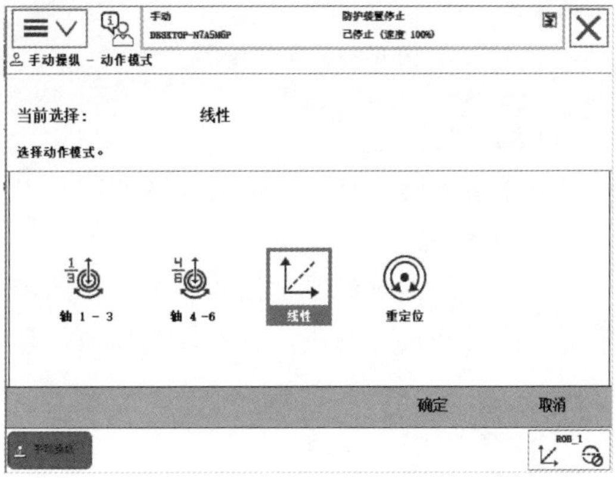

图 6-20　动作模式

（4）工具坐标系

当前选用的工具及对应工具坐标系如图 6-21 所示。

（5）工件坐标系

当前使用的工件坐标系如图 6-22 所示。

图 6-21　工具坐标系

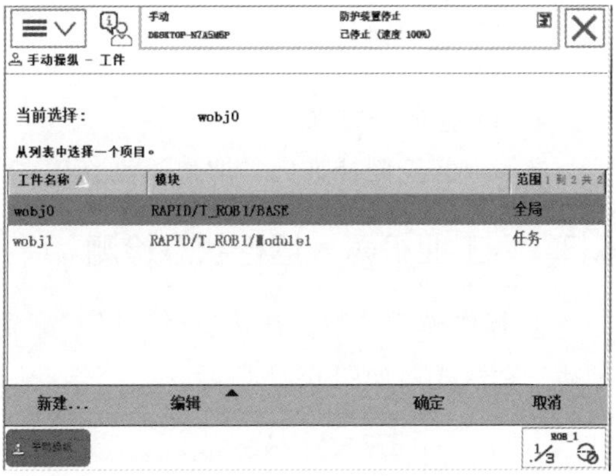

图 6-22　工件坐标系

（6）有效载荷

当前使用的有效载荷如图 6-23 所示。

（7）控制杆锁定

当前锁定的操纵杆方向如图 6-24 所示。

图 6-23　有效载荷

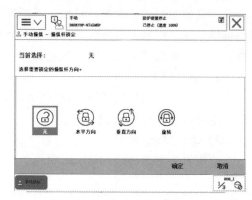

图 6-24　控制杆锁定

（8）增量

选择增量模式时，增量的幅度如图 6-25 所示。

（9）位置

显示当前工业机器人相对所选择参照坐标系的精确位置，如图 6-19 所示。可根据需求，单击"位置格式"按钮，进入设置界面，自行选择显示方式和参考坐标系，如图 6-26 所示。

图 6-25　增量

图 6-26　选择显示方式

（10）控制杆方向

显示当前控制杆方向，取决于动作模式的设置，如图 6-19 所示。

6.3.2　工业机器人运行状态检测

① 操作模式检测。在状态栏可以监测到当前机器人的操作模式，有全速手动、手动和自动三种模式，如图 6-27 所示。

图 6-27　操作模式检测

② 系统名称检测。控制器和系统名称的显示选项可以通过图 6-28~图 6-31 所示步骤修改。

图 6-28　步骤一

图 6-29　步骤二

图 6-30　步骤三

图 6-31　步骤四

③ 控制柜状态检测。显示电机状态，按下使能键第一挡会显示电机开启，松开或按下第二挡会显示防护装置停止，如图 6-32 所示。

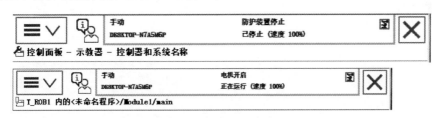

图 6-32　控制柜状态检测

④ 程序状态检测。程序运行状态，显示程序的运行或停止状态，如图 6-32 所示。

⑤ 运行速度检测。图示位置显示当前机器人的运行速度，如图 6-32 所示。

⑥ 机械单元检测。显示当前选择手动控制的机械单元，如图 6-33 所示。

图 6-33　机械单元检测

参考文献

［1］ 韩鸿鸾，等. 工业机器人系统安装调试与维护［M］. 北京：化学工业出版社，2017.

［2］ 韩鸿鸾. 工业机器人工作站系统集成与应用［M］. 北京：化学工业出版社，2017.

［3］ 韩鸿鸾，等. 工业机器人现场编程与调试［M］. 北京：化学工业出版社，2017.

［4］ 韩鸿鸾，等. 工业机器人操作［M］. 北京：机械工业出版社，2018.

［5］ 韩鸿鸾，张云强. 工业机器人离线编程与仿真［M］. 北京：化学工业出版社，2018.

［6］ 韩鸿鸾. 工业机器人装调与维修［M］. 北京：化学工业出版社，2018.

［7］ 韩鸿鸾，等. 工业机器人操作与应用一体化教程［M］. 西安：西安电子科技大学出版社，2020.

［8］ 韩鸿鸾，等. 工业机器人离线编程与仿真一体化教程［M］. 西安：西安电子科技大学出版社，2020.

［9］ 韩鸿鸾，等. 工业机器人机电装调与维修一体化教程［M］. 西安：西安电子科技大学出版社，2020.

［10］ 韩鸿鸾，等. 工业机器人的组成一体化教程［M］. 西安：西安电子科技大学出版社，2020.

［11］ 韩鸿鸾，等. KUKA（库卡）工业机器人装调与维修［M］. 北京：化学工业出版社，2020.

［12］ 韩鸿鸾，等. KUKA（库卡）工业机器人编程与操作［M］. 北京：化学工业出版社，2020.

［13］ 王志强，等. 工业机器人应用编程（ABB）初级［M］. 北京：高等教育出版社，2020.

［14］ 王志强，等. 工业机器人应用编程（ABB）中级［M］. 北京：高等教育出版社，2020.

［15］ 韩鸿鸾. 工业机器人现场编程与调试一体化教程［M］. 西安：西安电子科技大学出版社，2021.

［16］ 韩鸿鸾，等. 工作站集成一体化教程［M］. 西安：西安电子科技大学出版社，2021.

附录 1　工业机器人应用编程职业技能等级（ABB 初级）理论试题

目录	题型	题干	正确答案	难易度	选项数	A	B	C	D
1	单选题	工业机器人的种类有很多，其功能、特征、驱动方式以及应用场合等不尽相同。以下工业机器人的分类标准中，不是按照结构构特征划分的是（　）。	D	中	4	A. 直角坐标型机器人	B. 多关节机器人	C. AGV 移动机器人	D. 连续轨迹跟踪控制机器人
2	单选题	工业机器人在使用过程中，每隔一段时间总要分少部分油分渗出，下列说法可能性最小或操作不当的是（　）。	A	中	4	A. 怀疑润滑油黏稠度小，直接更换黏度更大的润滑油	B. 在运转刚刚结束后，打开一次排脂口，以恢复内压	C. 可能密封圈等密封装置发生破损	D. 当工业机器人铸件上发生龟裂时，可暂用密封剂封住裂缝，并尽快更换该部件
3	单选题	工业机器人完成工具坐标系定义之后，可以使用下列哪种运动模式来进行测试和检验坐标系的准确度？（　）	A	中	4	A. 重定位运动	B. 线性运动	C. 单轴 1-3 运动	D. 单轴 4-6 运动
4	单选题	在安装工业机器人应用型工作站时，需要根据各种工艺指导文件进行装配。下列针对《工艺过程综合卡片》描述正确的是（　）。	B	中	4	A. 是以工序为单位，详细说明整个工艺过程的工艺文件	B. 主要列出工整个生产工序，经过该工艺路线的工艺文件，是制订其他工艺文件的基础	C. 要画工序简图，说明该工序每一工步的内容，工艺参数、操作要求以及所用的设备及工艺装备	D. 单件小批量生产中，不需要编制此种工艺文件
5	单选题	利用观察检查法进行工业机器人故障排除时，下列哪一项不能通过听觉来判断？（　）	D	中	4	A. 变压器因铁芯松动引起振动的"吱吱"声	B. 继电器、接触器等回路同步此回路电压引起大，线圈过大的"嗡嗡"声	C. 齿轮或同步带断齿或打滑造成的撞击声	D. CPU 运行异常声音的声音

目录	题型	题干	正确答案	难易度	选项数	A	B	C	D
6	单选题	对于专业的工业机器人操作人员,在工作过程中下列哪种做法不当？（ ）	A	中	4	A. 工业机器人运行相对比较安全,设备运行记录及操作日记可以间隔一段时间记录一次	B. 发现设备运转不正常、超期未检修、安全装置不符合规定时,立即上报	C. 制止他人私自用自己岗位的设备	D. 认真执行操作指标,不准超温、超压、超速和超负荷运行,对违规违章操作答忍
7	单选题	即使工业机器人只有一个报警信号,其背后可能有众多的故障原因,下列方法中使用不当的是（ ）。	A	中	4	A. 可以依靠人的感觉器官来寻找故障点,如元器件是否短路、过压	B. 根据自身经验,判断最有可能发生故障的部位,然后进行故障检查,进而排除故障	C. 检查并恢复工业机器人行的各种运行参数	D. 利用部件替换来快速找到故障点,若故障消失或转移,则说明怀疑目标正是故障点
8	单选题	下列哪些属于工业机器人的检查项目中日常检查及维护？（ ）	D	中	4	A. 补充减速机的润滑脂	B. 控制装置电池的检修及更换	C. 机械制动器的检查	D. 示教器警告确认
9	单选题	一个好的编程环境有助于提高工业机器人编程者的编程效率,下列哪一项功能是目前工业机器人编程系统中还不具备的？（ ）	D	中	4	A. 在线修改和重启功能	B. 传感器输出和程序追踪功能	C. 仿真功能	D. 自动纠错功能
10	单选题	下列对于工业机器人操作人员的"四懂、三会"中,"三会"对下列哪一项不做要求？（ ）	B	中	4	A. 会使用	B. 会设计优化	C. 会维护保养	D. 会排除故障
11	单选题	当工业机器人的使能按钮处于（ ）时,电机处于开启状态。	A	中	4	A. 中间挡位	B. 未按下	C. 底部挡位	D. 以上均不正确
12	单选题	（维护及保养）在工业机器人维护以及故障排除方面,除一些常用的基本方法之外,还需要整体把握基本的故障排除原则,下列原则中正确的是（ ）。	C	中	4	A. 先硬件检查后软件检查	B. 先电气检查后机械检查	C. 先解决公用、普遍问题,后解决专用、局部问题	D. 先自己去现场通过敲打、检测等手段了解现场,再询问操作人员具体情况

续表

目录	题型	题干	正确答案	难易度	选项数	A	B	C	D
13	单选题	数字万用表是一台性能非常优越的工具仪表，可以用来测量很多电气参数，是电工的必备工具之一。下列几个参数中，万用表不能测量的是。（ ）	D	中	4	A. 直流电流	B. 交流电压	C. 电容	D. 带电的电阻
14	单选题	工业机器人系统中有多个按钮，下列哪个按钮的动作作先级高于其他工业机器人的控制按钮？（ ）	C	中	4	A. 程序启动	B. 单步运行	C. 紧急停止	D. 程序停止
15	单选题	在气动职能图形符号中，常见气动图形符号是（ ）	C	中	4	A. 压缩机	B. 气动马达	C. 单向阀	D. 冷却器
16	单选题	在工业机器人的焊接实际应用场景中，如果出现焊缝外观及强度与标准相差过大，则优先使用下列哪种方法进行故障排除？（ ）	B	中	4	A. 部件替换法	B. 参数检查法	C. 隔离法	D. 直观检查法
17	单选题	工业机器人需要对以下多个运动对象进行控制，其中工业机器人最基本的控制任务是（ ）。	A	中	4	A. 位置控制	B. 速度控制	C. 加速度控制	D. 力/力矩控制
18	单选题	在工业机器人日常维护中，需要在开机之后确认与上次运行时的位置是否发生偏移，即确认定位精度。如果出现偏差，下列哪项措施对于解决该问题没有帮助？（ ）	B	中	4	A. 确认工业机器人基座是否有松动	B. 微调工业机器人外围设备的位置，使工业机器人TCP正好能够到达相对正确的位置	C. 重新进行零点标定	D. 确认工业机器人没有超载，且发生碰撞

附录1　工业机器人应用编程职业技能等级（ABB初级）理论试题

269

工业机器人应用编程考证·本科（初级）

目录	题型	题干	正确答案	难易度	选项数	A	B	C	D
19	单选题	进行工业机器人系统故障检修时，根据预测的故障原因和预先确定的排除方案，用试验的方法进行验证，最终找出发生故障的真正部位。为了准确、快速地定位故障，应遵循（ ）的原则？	B	中	4	A. 先操作后方案	B. 先方案后操作	C. 先检测后排除	D. 先定位后检测
20	单选题	在以下哪种情况下不使用工业机器人一般不会导致其系统的破坏？（ ）	D	中	4	A. 有爆炸可能的环境	B. 燃烧的环境	C. 潮湿的环境中	D. 噪声污染严重的环境
21	单选题	随着视觉技术、传感技术、智能控制、网络和信息技术以及大数据技术的发展，工业机器人的编程技术将来根本的变革。关于未来工业机器人编程方式的变化趋势，下列哪种趋势可能性最小？（ ）	C	中	4	A. 编程将会变得简单、快速、可视	B. 基于互联网技术，实现编程的网络化、远程化、可视化	C. 各种新型技术的加入，使得编程结构方式更加复杂，对编程者的技能要求更高了	D. 基于增强现实技术实现离线编程和真实场景的互动
22	单选题	按发生故障性质的不同，工业机器人故障可分为系统性故障和随机性故障。下列故障中属于随机性故障的是（ ）。	C	中	4	A. 电池电量不足，导致控制系统故障报警	B. 润滑油（脂）超出维护期限，工业机器人关节转动异常	C. 阴雨天气环境湿度较大，致使工业（焊接）机器人的作业人的作业不高	D. 工业机器人在工作时力矩过大，致使末端执行器发生报警
23	单选题	工业机器人的技术参数反映工业机器人的适用范围和工作性能，是选择应用工业机器人必须考虑的问题，为真实反映工业机器人的主要技术参数。下列关于工业机器人主要技术参数错误的是（ ）。	D	中	4	A. 一般而言，工业机器人的绝对定位精度比重复定位精度低一到两个级别	B. 分辨率是指工业机器人每根轴实现的最小移动距离或最小转动角度	C. 承载能力是指工业机器人在作业范围内任意位姿所能承受的最大重量不仅取决于负载的质量，还与运行的速度和加速度有关	D. 工业机器人的作业范围主要是指工业机器人安装末端执行器时的工作区域

目录	题型	题干	正确答案	难易度	选项数	A	B	C	D
24	单选题	对于工业机器人编程方法，下列说法正确的是（ ）。	D	中	4	A. 程序模块有且只能有一个	B. 不同程序模块之间的两个例行程序可以同名	C. 程序模块中都有一个主程序	D. 为便于管理可将程序分成若干个程序模块
25	单选题	当发生紧急情况，工业机器人手臂与外部设备发生碰撞时，如果不易移动外部设备且也不能通过操纵工业机器人解决问题时，可通过按下列哪个按钮来排除当前运行故障情况。（ ）	D	中	4	A. 急停按钮	B. 电机上电按钮	C. 程序停止按钮	D. 制动闸释放按钮
26	单选题	在工业机器人定期维护时，控制装置通气口的清洁频次是比较高的。通常需要检查轻制柜表面的通风孔和（ ），确保干净清洁。	B	中	3	A. 泄流器	B. 系统风扇	C. 计算机风扇	D. 标准I/O板
27	单选题	当设备起火时，应采用以下哪种灭火设备？（ ）	A	中	3	A. 二氧化碳灭火器	B. 泡沫灭火器	C. 高压水	D. 土或砂石
28	单选题	驱动系统相当于"人体的肌肉"，按照能量转换方式的不同，工业机器人的驱动类型可以分为多种，下列驱动方式中，相对负载能力较为突出的是（ ）。	C	中	3	A. 电力驱动	B. 人工肌肉	C. 液压驱动	D. 气压驱动
29	单选题	工业机器人的运动实质是根据工作的内容和轨迹的要求，在各种工作坐标系下的运动。当工业机器人配备多个坐标系等工作台，选用哪一类坐标系可以有效提高作业效率？（ ）	B	中	3	A. 基坐标系或工具坐标系	B. 工件坐标系或基坐标系	C. 工具坐标系或关节坐标系	D. 关节坐标系或基坐标系

目录	题型	题干	正确答案	难易度	选项数	A	B	C	D
30	单选题	谐波减速器是利用行星齿轮传动原理发展起来的减速器,在工业机器人上得到了大量的应用,关于谐波减速器下列说法错误的是( )。	B	中	3	A. 相对传统减速器,谐波减速器体积小,质量小	B. 由于谐波减速器中有一部件是柔轮,其容易发生形变,因此谐波减速器的精度较差	C. 运动平稳,噪声小	D. 传动比范围大
31	单选题	下列关于工业机器人的安装环境要求,描述错误的是( )。	D	中	3	A. 工业机器人属于电气设备,对环境湿度有一定要求,一般需要保持在20%~80%	B. 尽管工业机器人的工作区域有限,依然需要安装防护装置(如安全围栏)	C. 安装环境必须没有易燃、易腐蚀液体和气体	D. 由于工业机器人内部有润滑油等物,所以其工作温度需要保持在−10~60℃
32	单选题	工业机器人的坐标系包括基坐标系,工具坐标系,用户坐标系等,对于图示常见的六轴串联工业机器人,这些坐标型属于下列哪种类型的坐标系?( )	A	中	3	A. 空间直角坐标系(笛卡儿坐标系)	B. 柱面坐标系	C. 球面坐标系	D. 极坐标系
33	单选题	示教器使用完毕后,应放在下列哪个位置?( )	C	中	3	A. 挂在工业机器人上	B. 系统夹具上	C. 示教器支架上	D. 地面上
34	单选题	手动操纵工业机器人进行单轴运动时,控制轴杆的偏转方向决定下列哪种运动状态?( )	B	中	3	A. 沿基坐标系的对应坐标轴运动	B. 单轴运动的关节轴以及运动方向	C. 单轴运动的速度和角度	D. 单轴运动的加速度
1	多选题	安装工业机器人基座与台架时,下列哪些要素需要着重考虑?( )	ACD	中	3	A. 地基或基座是否稳固	B. 工业机器人的最大运行速度	C. 工业机器人型号	D. 螺栓尺寸与紧固力矩
2	多选题	作为防止发生危险的手段,下列哪些防护设备是操纵工业机器人运动时需要穿戴的?( )	ABD	中	3	A. 工作服	B. 安全鞋	C. 防静电手环	D. 安全帽

目录	题型	题干	正确答案	难易度	选项数	A	B	C	D
3	多选题	以下哪些原因可能会导致工业机器人发生异常振动或异响？（ ）	BD	中	3	A. 工业机器人动力线缆破损	B. 机合紧固螺栓松动	C. 本体机身有外部伤痕或油漆脱落	D. 使用不当,在较大负载时应用了较大的速度和加速度
4	多选题	以下哪些故障属于工业机器人软件故障？（ ）	AC	中	4	A. 加工程序出错	B. 集成电路芯片发生故障	C. 系统参数改变(或丢失)	D. 工业机器人外部扩展通信模块插接不牢固
5	多选题	工业机器人编程语言的基本功能部有哪些？（ ）	ABC	中	4	A. 运动功能	B. 通信功能	C. 决策功能	D. "翻译"转化功能
6	多选题	工业机器人上的所有电缆在维修前应进行严格的检查,下列检查操作不当的是( )。	CD	中	4	A. 检查电缆的屏蔽、隔离是否良好	B. 根据手册测试接地线的要求	C. 针对较长的线缆(如示教器线缆),可以从中间截断减少线缆长度,以较少外接干扰	D. 电缆的绝缘层一般有多层,最外层有破损现象可以忽略,也不会有安全隐患
7	多选题	工业机器人的控制结构主要有哪几种类型？（ ）	BCD	中	4	A. 云控制结构	B. 主从控制结构	C. 分布控制结构	D. 集中控制结构
8	多选题	机器人电柜安装前安装地点必须符合下列哪些条件？( )	AB	中	4	A. 灰尘、粉尘、油烟、水较少的场所	B. 附近应无大的电器噪声源	C. 作业区内允许有易燃品及腐蚀性液体和气体	D. 湿度必须高于结露点
9	多选题	在实际生产应用中,以下哪些类型的电动机在工业机器人中得到广泛的应用？( )	AD	中	4	A. 伺服直流电机	B. 步进电机	C. 三相异步交流电机	D. 伺服交流电机
10	多选题	针对提高工业机器人的工作效率,出现了多种编程方式,目前工业机器人的编程方式主要有哪几种？( )	ABD	中	4	A. 示教编程	B. 自主编程	C. 人工智能编程	D. 离线编程

目录	题型	题干	正确答案	难易度	选项数	A	B	C	D
1	判断题	在工业机器人通电状态下，一般人员只要不随意点击按钮，都可以与控制柜、夹具等部件接触，以更好地了解系统结构。	B	中	2	A. 正确	B 错误		
2	判断题	当操作人员认为工业机器人发生故障时，应优先对工业机器人进行拆卸，以便更详细地了解工业机器人的内部零件状况。	B	中	2	A. 正确	B 错误		
3	判断题	根据功能的不同，工业机器人末端执行器可分为两大类：手爪类和工具类。如焊接机器人的焊枪就属于工具类末端执行器。	A	中	2	A. 正确	B 错误		
4	判断题	在安装接线端子时，只要强电的电流值不是很大，则强电和弱电的端子可以布置在一起。当强电电压超过400V时，只需要涂红色标记清楚即可。	B	中	2	A. 正确	B 错误		
5	判断题	按照作业描述水平的高低，工业机器人编程语言类型可分为动作级、对象级和任务级编程语言，目前任务级编程语言还不完善，有待进一步研究。	A	中	2	A. 正确	B 错误		

工业机器人应用编程（初级）

附录2 工业机器人应用编程职业技能等级（ABB初级）实操考核任务书

考生须知：

1. 本任务书共5页，如出现任务书缺页、字迹不清等问题，请及时向考评人员申请更换任务书。

2. 请仔细研读任务书，检查考核平台，如有模块缺少、设备问题，请及时向考评人员提出。

3. 请在120分钟内完成任务书规定内容。

4. 由于操作不当等原因引起工业机器人控制器及I/O组件、PLC等的损坏以及发生机械碰撞等情况，将依据扣分表进行处理。

5. 考核现场不得携带任何电子存储设备。

6. 工业机器人相关变量已给定。

7. 考核平台参考资料以.pdf格式放置在"D：\1＋X考核\参考资料"文件夹下。

8. 考核过程中，请及时保存程序及数据，保存到"D：\1＋X考核\＊＊号工位"指定文件夹中。

9. 考核平台中立体库、旋转供料单元、变位机由PLC控制，控制程序已经内置，考生可以利用相关指令进行编程。

10. 考核时间结束后进行统一评判。

11. 请服从考评人员的管理与安排。

场次号：＿＿＿＿＿＿工位号：＿＿＿＿＿＿日期：＿＿＿＿＿＿

现有一台工业机器人绘图和电机装配工作站，该工作站由工业机器人、快换装置、绘图模块、搬运模块、变位机单元、旋转供料单元和立体库单元等组成，工业机器人工作站各模块布局如图 1 所示。

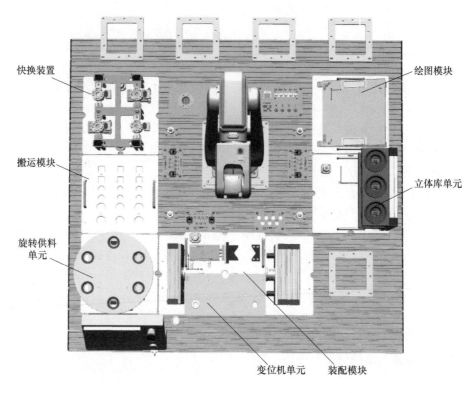

图 1　工作站各模块布局（以现场实际布局为主）

工作站所用机器人末端工具如图 2 所示，绘图笔工具和辅助标定装置用于标定绘图笔的工具坐标系和绘图模块斜面工件坐标系；平口手爪工具用于取放、搬运和装配电机工件。

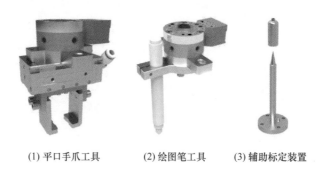

(1) 平口手爪工具　　　(2) 绘图笔工具　　　(3) 辅助标定装置

图 2　机器人末端工具

电机装配工作站用于装配电机部件，电机成品由电机外壳、电机转子和电机端盖组装而成，电机装配时需首先将电机转子装配到电机外壳中，再将电机端盖装配到电机转子上，工作站电机相关工件及电机成品如图 3 所示。

(1)电机端盖   (2)电机转子   (3)电机外壳   (4)电机成品

图3 电机装配工件

任务一 机器人绘图应用编程

手动将绘图模块进行倾斜设定（倾斜角度约为30°），标定并验证绘图斜面工件坐标系和绘图笔工具坐标系，进行工业机器人示教编程（须调用斜面工件坐标系和绘图笔工具坐标系，且绘图笔须垂直绘图斜面进行绘图），实现工业机器人在斜面上自动绘图的功能，绘制图案现场提供，如图4所示。

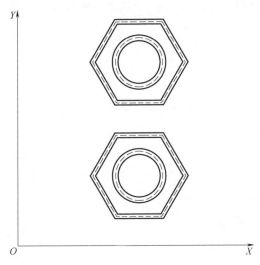

图4 斜面绘图图案

任务二 电机部件装配手动示教编程

在工业机器人电机装配工作站上，手动将平口手爪工具安装在工业机器人末端，将2个电机外壳、2个电机转子和2个电机端盖手动放置到搬运模块上（如图5所示）。利用示教盒进行现场操作编程，实现黄色、蓝色两套电机部件（一套电机部件必须为同一种颜色）的自动装配、入库过程。

电机部件的装配顺序如下所示：

步骤①电机转子装配：将电机转子工件装配电机外壳中；

步骤②电机端盖装配：将电机端盖装配到电机转子上；

步骤③电机成品定位：将电机部件搬运到变位机装配模块上进行定位；

步骤④电机成品入库：将已定位好的电机成品搬运到如图6所示立体库中。

请进行工业机器人现场示教编程，完成黄色、蓝色两套电机成品的装配和入库，两种颜色电机装配顺序可以自定义。

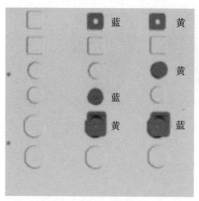

图5　电机零部件放置位置

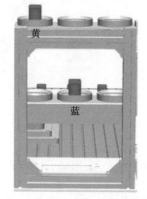

图6　电机装配成品入库位置

任务三　电机部件装配综合应用编程

在工业机器人电机装配工作站上，对工业机器人进行现场综合应用编程，完成三套电机部件的装配及入库过程。

电机部件装配工作站控制要求如下：

1. 工件准备

本任务需要完成 3 个电机外壳、3 个电机转子和 3 个电机端盖的装配和入库过程。系统开始工作之前，需要手动将 3 个电机转子、3 个电机端盖和 2 个电机外壳放置到搬运模块上，如图 7 所示；手动将 1 个电机外壳放置到立体库内，如图 8 所示。

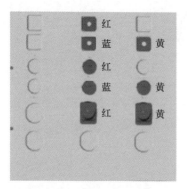

图7　转子和端盖放置要求

图8　电机外壳放置要求

2. 装配工作站工作过程

① 系统初始复位：将工业机器人处于非原点位置，手动将平口手爪工具安装在工业机器人末端，变位机处于非水平位置，装配模块上定位气缸伸出，工业机器人选择手动模式后按下工业机器人示教盒程序启动按键，工业机器人自动将平口手爪工具放置到快换装置上使工业机器人末端无工具，然后返回至工作原点（关节坐标系工作原点位置为 [0°，−20°，20°，0°，90°，0°]），变位机由非水平位置状态复位到水平位置状态（即上下料位置状态），装配模块上定位气缸缩回。

② 抓取平口手爪工具：手动加载工业机器人程序，将机器人切换到自动运行模式，按下桌面绿色启动按钮，工业机器人从工作原点自动抓取平口手爪工具，抓取完成后工业机器

人返回工作原点。

③ 变位机背向机器人一侧旋转：机器人抓取平口手爪工具后，变位机自动背向工业机器人一侧旋转20°，使变位机处于电机外壳装配状态。

④ 电机外壳装配：工业机器人自动抓取一个电机外壳（颜色自定义），并搬运到处于水平状态的变位机上，定位气缸推出固定电机外壳工件。

⑤ 变位机面向机器人一侧旋转：电机外壳固定完成后，变位机自动面向工业机器人一侧旋转20°，使变位机处于电机转子和端盖装配状态。

⑥ 电机转子装配：工业机器人自动抓取一个电机转子，并装配到变位机上的电机外壳中。

⑦ 电机端盖装配：工业机器人自动抓取一个电机端盖，并装配到变位机上的电机转子上。

⑧ 变位机旋转至水平状态：电机部件装配完成后，变位机自动旋转至水平位置，使变位机处于上下料状态。

⑨ 电机成品入库：变位机处于上下料状态后，工业机器人自动抓取电机成品（电机外壳、转子和端盖颜色必须相同），并将电机成品搬运到立体库正确位置上，如图9所示。

图9　电机成品入库位置

⑩ 第二、三套电机部件装配和电机成品入库：第一套电机成品入库完成后，依次循环步骤③④⑤⑥⑦⑧⑨，完成第二、三套电机部件装配和电机成品入库。

⑪ 系统结束复位：待三套电机成品入库完成后，工业机器人自动将直口手爪工具放入快换装置并返回工作原点位置 [0°，−20°，20°，0°，90°，0°]，变位机旋转至水平状态。

请进行工业机器人相关参数设置，进行工业机器人现场综合应用编程，正确完成三套电机成品装配和入库。

附录3 工业机器人应用编程职业技能等级（ABB初级）实操考核评分表

场次号_____工位号_____开始时间_____结束时间_____

序号	考核要点	考核标准	配分小计	配分	得分	得分小计
一	斜面绘图	正确标定斜面工件坐标系	17	2		
		正确验证斜面工件坐标系		2		
		正确调用斜面工件坐标系		3		
		正确绘制第一个图案直线，超出1次边界扣0.5分		3		
		正确绘制第一个图案圆弧，超出1次边界扣1分		2		
		正确绘制第二个图案直线，超出1次边界扣0.5分		3		
		正确绘制第二个图案圆弧，超出1次边界扣1分		2		
二	手动装配编程	黄色电机装配：转子和端盖装配各2分	18	4		
		黄色电机入库：定位3分，入库2分		5		
		蓝色电机装配：转子和端盖装配各2分		4		
		蓝色电机入库：定位3分，入库2分		5		
三	系统初始复位	按下示教盒启动按钮机器人将末端工具放回快换装置	6	2		
		工具放回完成后机器人自动回工作原点		1		
		变位机由非水平状态复位至水平状态		2		
		装配模块上定位气缸由伸出变缩回		1		
	第一套电机部件装配	将机器人切换到自动模式	25	2		
		复位完成后按下桌面绿色按钮机器人系统启动		1		
		机器人自动抓取直口手爪工具		2		
		变位机背向机器人一侧旋转至装配状态		2		
		机器人将电机外壳搬运并固定到装配模块上		2		
		变位机面向机器人一侧旋转至装配状态		2		
		机器人抓取电机转子并装配到电机外壳中		2		
		机器人抓取电机端盖并装配到电机转子上		2		
		变位机由装配位置旋转至水平位置		2		
		机器人抓取电机成品并松开定位气缸		2		
		第一套电机部件颜色匹配		2		
		机器人将第一套电机成品入库到指定位置（必过项）		4		
	第二套电机部件装配	变位机背向机器人一侧旋转至装配状态	20	2		
		机器人将电机外壳搬运并固定到装配模块上		2		
		变位机面向机器人一侧旋转至装配状态		2		
		机器人抓取电机转子并装配到电机外壳中		2		
		机器人抓取电机端盖并装配到电机转子上		2		
		变位机由装配位置旋转至水平位置		2		
		机器人抓取电机成品并松开定位气缸		2		
		第二套电机部件颜色匹配		2		
		机器人将第二套电机成品入库到指定位置（必过项）		4		
	第三套电机部件装配	变位机背向机器人一侧旋转至装配状态	20	2		
		机器人将电机外壳搬运并固定到装配模块上		2		
		变位机面向机器人一侧旋转至装配状态		2		
		机器人抓取电机转子并装配到电机外壳中		2		
		机器人抓取电机端盖并装配到电机转子上		2		
		变位机由装配位置旋转至水平位置		2		
		机器人抓取电机成品并松开定位气缸		2		
		第三套电机部件颜色匹配		2		
		机器人将第三套电机成品入库到指定位置（必过项）		4		
	装配结束复位	将末端夹具放回至快换装置	4	2		
		机器人返回至工作原点		1		
		变位机复位至水平状态		1		

序号	考核要点	考核标准	配分小计	配分	得分	得分小计
四	职业素养	遵守赛场纪律,无安全事故	10	2		
		工位保持清洁		2		
		着装规范整洁,佩戴安全帽		2		
		操作规范,爱护设备		2		
		尊重裁判,不与裁判发生争执		2		
五	违规扣分项	机器人与快换装置支架碰撞,每次扣5分				
		机器人将快换装置支架一起带起来,每次扣5分				
		立体库上下料过程中造成立体库移动每次扣5分				
		转盘取料过程中机器人与转盘碰撞,每次扣5分				
		装配过程中机器人与变位机碰撞,每次扣5分				
		机器人与相机发生碰撞,每次扣5分				
		损坏设备,扣20分				
合计			120	120		

被考核人员签字	年 月 日	考评人员签字	年 月 日

附录3 工业机器人应用编程职业技能等级(ABB初级)实操考核评分表